U0174519

# 机 械 制 图

主 编 陈 静 刘 军

副主编 王 鹤 高 雅

参 编 刘建英 王新莉 郝少祥 吴素珍

主 审 黄 辉 刘静然

机械工业出版社

本教材是为了适应工程类专业教学改革需要，在编者教学改革实践经验和同行意见的基础上编写而成的。本教材突出"实用"性，加强了制图基础知识和读图、绘图基本技能方面的内容，并且对较复杂的结构都配备了三维实体图形，可以加强二维与三维图形相互转换的空间想象能力。本教材主要包括：制图基础知识、投影基础、基本体的投影及表面交线、组合体视图、机件常用的表达方法、标准件和常用件的规定画法、零件图、装配图、焊接图与展开图。

　　与本教材配套的《机械制图习题集》也同步出版。

　　本教材适用于普通高等学校机械类少学时或非机械制造类专业的机械制图教学，也可作为高等专科学校机械类专业的机械制图教材和相关工程技术人员的参考资料。

## 图书在版编目（CIP）数据

机械制图/陈静，刘军主编. —北京：机械工业出版社，2023.1
（2024.4 重印）
ISBN 978-7-111-72127-7

Ⅰ.①机…　Ⅱ.①陈…　②刘…　Ⅲ.①机械制图-高等学校-教材
Ⅳ.①TH126

中国版本图书馆 CIP 数据核字（2022）第 225014 号

机械工业出版社（北京市百万庄大街 22 号　邮政编码 100037）
策划编辑：侯宪国　　　　　　责任编辑：侯宪国
责任校对：李　杉　王明欣　封面设计：陈　沛
责任印制：常天培
北京机工印刷厂有限公司印刷
2024 年 4 月第 1 版第 2 次印刷
184mm×260mm·13 印张·317 千字
标准书号：ISBN 978-7-111-72127-7
定价：45.00 元

电话服务　　　　　　　　　　网络服务
客服电话：010-88361066　　机　工　官　网：www.cmpbook.com
　　　　　010-88379833　　机　工　官　博：weibo.com/cmp1952
　　　　　010-68326294　　金　书　网：www.golden-book.com
**封底无防伪标均为盗版**　　机工教育服务网：www.cmpedu.com

# 前 言

为了适应工程类专业教学改革的需要，在编者教学改革实践经验和同行意见的基础上，编写了这本《机械制图》教材以及配套的《机械制图习题集》。

本教材具有以下特点：

1. 突出"实用"性。基础知识本着实用、够用的原则，对画法几何部分进行了精简，减少了投影的理论知识，通过相应例题突出了在线上找点、在面上找点的方法。精简后的内容不但减少了篇幅，也为后续内容的学习打下了良好的基础。

2. 加强了制图基础知识和读图、绘图基本技能的学习和训练，对基本体、组合体以及机件表达方法进行了较为详尽的介绍。并配备了大量的典型零、部件的图例进行分析，以利于培养分析问题和解决问题的能力。

3. 采用《技术制图》和《机械制图》国家现行标准。

4. 书中的图例规范、清晰。对结构略微复杂的图例，均配备了三维实体图形，以培养二维与三维图形相互转换的空间想象能力。

5. 考虑到不同专业教学的差异，在最后章节安排了选学内容，可以根据自己的专业需求进行取舍。

6. 与本教材配套的习题集内容丰富、紧扣教材，每一章的习题练习，均是学好这门课程必不可少的手段。习题有一定的余量，可进行取舍，并为学有余力者提供了更多的练习机会。习题集配有解题答案，需要的教师可登录www.cmpedu.com 免费注册下载。

全书共有九章内容，参加编写的教师有王新莉（第一章）、高雅（第二章）、刘军（第三章、第四章）、吴素珍（第五章）、王鹤（第六章）、陈静（第七章）、刘建英（第八章）、郝少祥（第九章）。全书由陈静、刘军任主编并负责统稿。恒天重工股份有限公司高级工程师黄辉、许继集团有限公司研发中心高级工程师刘静然作为本教材的主审，在编写过程中提出了很多宝贵意见。与本教材配套的《机械制图习题集》也同步出版。

由于编者编写水平有限，书中难免有差错和欠妥之处，恳请读者提出宝贵意见。

编 者

# 目 录

# 绪 论

把物体的结构，按一定的比例和规则在平面上绘制出来，再加上必要的技术说明，即为图样。在工程实践中，设计者是通过图样表达设计意图的，制造者是通过图样了解设计者的设计思想并进行生产的，而使用者可以通过图样了解设备的结构，进而进行操作和维修。因此，在工业生产中，图样是传递技术信息的媒介，是工程界的"语言"。

机械制图研究的是机械零部件的图样表达，作为一名工程技术人员，必须具有绘制机械图样、读懂机械图样的能力。因此，该课程是工科院校十分重要的一门专业基础课程。

## 一、本课程的任务

1）了解国家标准的相关规定，掌握机械制图的基础知识、基本理论。

2）培养空间想象和分析能力。

3）运用正投影的基本理论，培养绘制和阅读机械图样的基本能力。

4）具有查阅国家标准、按照国家标准绘制图样、阅读零件图和装配图的技能。

5）培养认真负责的学习态度和严谨细致、一丝不苟的学习作风，具备基础的工程素质。

## 二、本课程的学习特点

### 1. 学习和查阅国家标准的相关规定，按照国家标准进行图样的绘制

人类的语言需要按照一定的语法规则，才能起到相互沟通的作用。同样地，图样作为工程界的语言，也必须要遵守一定的规则。因此，国家标准对图样中的内容进行了详细的规定，在本课程的学习中，要了解国家标准的相关规定，具有查阅国家标准、并按照国家标准绘制图样的能力。

### 2. 注重形象思维，培养空间想象能力

绘图的过程是将空间物体在平面图纸上表达出来，而读图则是通过图样将平面图形想象出空间的形状。因此，学习的过程中要注意绘图与读图相结合，物体与图样相结合，逐步培养出空间逻辑思维与空间形象思维的能力。

### 3. 注重课后练习，加强作图实践

本课程是一门既有系统理论，又注重实践练习的技术基础课。只有通过不断地绘图、读图训练，才能逐步提高空间想象能力，增强工程意识，培养和提高绘制和阅读工程图样的能力。因此本课程的学习需要准备一套规范的制图工具，按照正确的制图方法和步骤认真地完成课后习题的练习。

# 第一章

# 制图基础知识

机械图样是生产中不可缺少的技术资料，每位工程技术人员都必须了解和掌握制图的基础知识和基本技能。

本章将介绍国家标准中关于制图的有关规定，并介绍制图仪器的使用和平面图形的作图方法。

## 第一节 《技术制图》和《机械制图》的基本规定

《技术制图》国家标准是一项基础技术标准，适用于工程界各行业，是各种技术图样的通则性规定。《机械制图》国家标准是一项针对机械行业的制图标准。为了便于企业间的技术交流和生产管理，在绘制图样时要遵守这些国家标准的规定。

国家标准（简称国标）的代号是 GB，例如 GB/T 14689—2008，是国家标准《技术制图 图纸幅面和格式》的标准号，T 表示推荐性标准（若无 T 则为强制执行标准），14689 是标准编号，2008 是发布年号。

本章主要介绍图家标准中关于图纸幅面及格式、标题栏、比例、字体、图线及尺寸标注等基本规定。

### 一、图纸幅面及格式（GB/T 14689—2008）

#### 1. 图纸幅面

为了便于装订和管理，绘制图样时，须优先选用表 1-1 中规定的图纸基本幅面尺寸，表中，$L$、$B$ 分别为图纸的两个边长。图纸上的长度单位如果没有专门标出，默认为 mm。

必要时图纸允许幅面加长，但必须是基本幅面短边的整数倍。

表 1-1 图纸基本幅面尺寸 （单位：mm）

| 幅面代号 | | A0 | A1 | A2 | A3 | A4 |
|---|---|---|---|---|---|---|
| $B×L$ | | 841×1189 | 594×841 | 420×594 | 297×420 | 210×297 |
| 边框 | $a$ | 25 | | | | |
| | $c$ | 10 | | | 5 | |
| | $e$ | 20 | | | 10 | |

注：幅面代号的含义如图 1-1 和图 1-2 所示。

## 2. 图框格式

图纸的装订方式有两种：横装和竖装，如图 1-1 和图 1-2 所示。

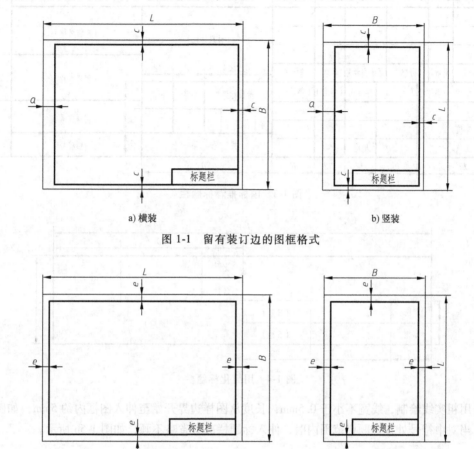

a) 横装      b) 竖装

图 1-1    留有装订边的图框格式

a) 横装      b) 竖装

图 1-2    不留装订边的图框格式

在图纸上需要用粗实线画出图框，绘图的内容要画在图框内。图框格式有两种：留装订边（见图 1-1）和不留装订边（见图 1-2），同一产品的图样只能采用同一种图框格式，图框外留尺寸 $a$、$c$、$e$ 按表 1-1 选取。

## 二、标题栏（GB/T 10609.1—2008）

为了便于管理和查阅图样的基本信息，每张图样必须画出标题栏。标题栏一般位于图框线的右下角，如图 1-1、图 1-2 所示。

标题栏的格式和尺寸如图 1-3 所示，标题栏的长度为 180mm，高度为 56mm。

在制图练习时，可采用如图 1-4 所示的简化标题栏格式。

## 三、图样上的附加符号（GB/T 14689—2008）

### 1. 对中符号

为了使图样复制和缩微摄影时定位方便，在图样各边长的中点处均应分别画出对中符号。对

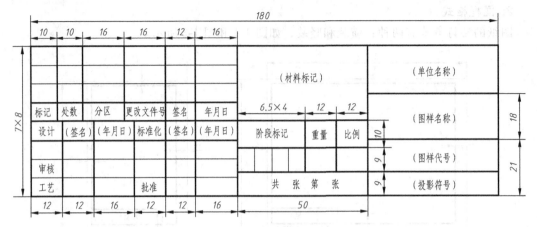

图 1-3  国标推荐标题栏

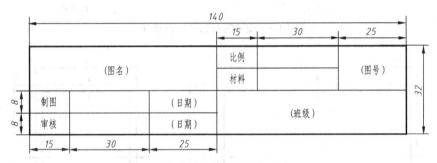

图 1-4  用简化标题栏

中符号用粗实线绘制,线宽不小于 0.5mm,长度从图样边界开始至伸入图框内约 5mm,如图 1-5a 所示。当对中符号处在标题栏范围内时,伸入标题栏部分省略不画,如图 1-5b 所示。

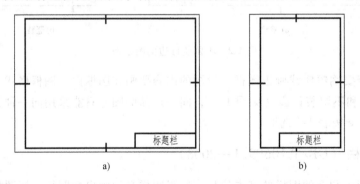

a)                              b)

图 1-5  对中符号

### 2. 方向符号

当标题栏无法放在图样的右下方时(比如使用预先印制的图样),为了明确绘图与读图的方向,应在图样的下边对中处画出一个方向符号,如图 1-6a 所示。方向符号是用细实线绘制的等边三角形,其大小如图 1-6b 所示。

### 3. 投影符号

不同的国家采用的投影画法不完全相同,比如我国优先采用的是第一角投影画法,而美国、日本等国家采用的是第三角投影画法。当涉及对外技术交流时，需要标注出投影符号。投影符号一般放置在标题栏中右下方（见图1-3）。

投影符号用粗实线和细点画线绘制，其中粗实线的线宽不小于0.5mm，图1-7为第一角画法的投影符号，图1-8为第三角画法的投影符号。当采用第一角画法时，可以省略标注。

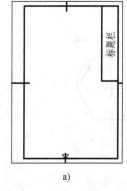
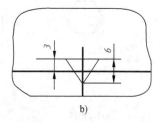

图1-6　方向符号的位置和尺寸

图1-7　第一角画法的投影符号

图1-8　第三角画法的投影符号

## 四、比例（GB/T 14690—1993）

比例是指图样中图形与实物相应要素的线性尺寸之比。

比例分为原值比例、缩小比例、放大比例三种类型，具体比例数值应尽可能在表1-2中的"优先选择比例值"中选取，必要时也可以在"允许选择比例值"中选取。

表1-2　常用比例

| 种类 | 优先选择比例值 | | | 允许选择比例值 | | |
|---|---|---|---|---|---|---|
| 原值比例 | 1：1 | | | | | |
| 放大比例 | 5：1 | 2：1 | | 4：1 | 2.5：1 | |
| | $5×10^n：1$ | $2×10^n：1$ | $1×10^n：1$ | $4×10^n：1$ | $2.5×10^n：1$ | |
| 缩小比例 | 1：2 | 1：5 | 1：10 | 1：1.5 | 1：2.5 | 1：3 |
| | $1：2×10^n$ | $1：5×10^n$ | $1：1×10^n$ | 1：4 | 1：6 | |
| | | | | $1：1.5×10^n$ | $1：2.5×10^n$ | $1：3×10^n$ |
| | | | | $1：4×10^n$ | $1：6×10^n$ | |

为绘图、读图方便，应尽量采用原值比例1：1进行绘图。但需要注意的是：**无论采用何种比例值，图中所注尺寸均为实物的真实尺寸，与所选比例无关。**

如图1-9所示，尽管图形选取的比例不同，但均标注物体的实际尺寸。

## 五、字体（GB/T 14691—1993）

图样中书写的汉字、数字和字母，都必须做到：字体工整、笔画清楚、间隔均匀、排列整齐。

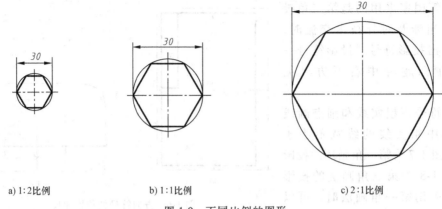

a) 1:2比例                 b) 1:1比例                          c) 2:1比例

图 1-9　不同比例的图形

### 1. 字号

字号表示字体的高度，代号为 $h$。字号系列有：1.8、2.5、3.5、5、7、10、14、20，单位是 mm。

较小的图样标注尺寸数字或字母时，常用 3.5 号字，但 A0、A1 图样标注尺寸数字或字母时，应使用 5 号字。书写汉字时，应使用比数字或字母大一号的字号。

### 2. 汉字

汉字字体采用长仿宋体，并采用正式公布的简化字。字高一般不小于 3.5 号字，字宽为 $h/\sqrt{2} \approx 0.7h$。

### 3. 字母和数字

字母和数字可写成直体，也可写成斜体。斜体时字头向右倾斜与水平线成 75°角。但量纲的单位、化学元素符号等应采用正体。用作指数、分数、极限偏差、注脚的数字及字母，一般采用小一号字体。在同一图样上，字体样式应该统一。

以下为字体的示例：

10号字　字体工整笔画清楚间隔均匀排列整齐

7号字　字体工整笔画清楚间隔均匀排列整齐

5号字　字体工整笔画清楚间隔均匀排列整齐

3.5号字　字体工整笔画清楚间隔均匀排列整齐

阿拉伯数字直体　0123456789

阿拉伯数字斜体　*0123456789*

大写英文字母斜体　*ABCDEFGH*

小写英文字母斜体　*abcdefghijkl*

## 六、图线（GB/T 17450—1998、GB/T 4457.4—2002）

### 1. 基本线型

国家技术制图标准 GB/T 17450—1998 中规定了 15 种基本线型，机械制图标准 GB/T 4457.4—2002 中建议采用 9 种基本线型，见表 1-3。

表 1-3　基本线型及一般应用

| 图线名称 | 线型 | 线宽 | 一般应用 |
|---|---|---|---|
| 粗实线 | ———— $d$ | $d$ | 1）可见轮廓线<br>2）可见棱边线 |
| 细实线 | ———— | $d/2$ | 1）尺寸线及尺寸界限<br>2）剖面线<br>3）过渡（线） |
| 细虚线 | – – – – | $d/2$ | 1）不可见轮廓线<br>2）不可见棱边线 |
| 细点画线 | —·—·—· | $d/2$ | 1）轴线<br>2）对称中心线<br>3）分度圆（线） |
| 波浪线 | ∿∿∿ | $d/2$ | 1）断裂处的边界线<br>2）视图与剖视图的分界线 |
| 双折线 | —⌇—⌇— | $d/2$ | 1）断裂处的边界线<br>2）视图与剖视图的分界线 |
| 细双点画线 | —··—··— | $d/2$ | 1）相邻辅助零件的轮廓线<br>2）可动零件的极限位置的轮廓线<br>3）成形前轮廓线<br>4）轨迹线 |
| 粗点画线 | —·—·—· | $d$ | 限定范围的表示线 |
| 粗虚线 | ━ ━ ━ ━ | $d$ | 允许表面处理的表示线 |

### 2. 图线的线宽及用法

1）机械工程图样上采用两类线宽，称为粗线和细线，其宽度比例关系为 2：1。

2）图线宽度 $d$ 的选取值有：0.13mm、0.18mm、0.25mm、0.35mm、0.5mm、0.7mm、1.0mm、1.4mm、2mm 等。具体宽度可根据图纸幅面大小而定，常用的粗线线宽 $d$ 为 0.5~0.7mm，各种细线宽均为 $d/2$。

基本图线的应用示例如图 1-10 所示。

### 3. 绘制图线时的注意事项

1）在同一图样上，同类图线的宽度应该一致。

2）图线与图线相交时，均应该是线段相交。如图 1-11a 所示为虚线的相交情况，但当虚线处于粗实线的延长线上时，为了表明可见与不可见轮廓的界线，应留出间隙，如图 1-11b 所示。

3）画圆时，中心线应超出轮廓线 3~5mm，且圆心应是细点画线线段的交点。当圆太小

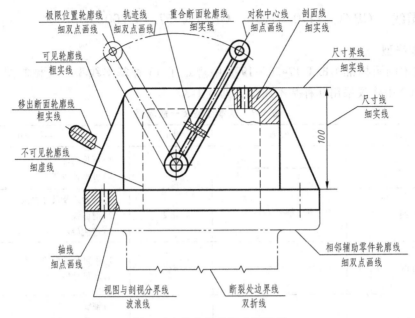

图 1-10　基本图线的应用示例

中心线太短时,可用细实线代替细点画线,如图 1-11b 所示。

4)当几种线条重合时,按照下列优先顺序画出:粗实线—细虚线—细点画线—细实线。

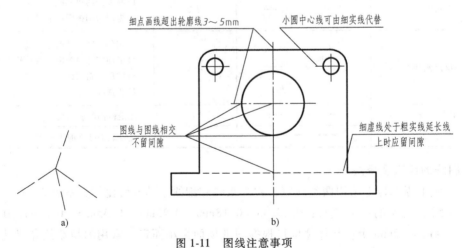

图 1-11　图线注意事项

## 七、尺寸标注 (GB/T 19096—2003、GB/T 4458.4—2003)

尺寸是零件加工、装配的直接依据,是图样中的重要组成。因此必须严格按照国家标准规定进行尺寸标注,要求做到:正确、完整、清晰、合理。

### 1. 基本规定

1)所注尺寸数值是机件的真实大小,与图形大小、选取的比例及作图的准确度无关。

2)所注尺寸数值以 mm 为单位时,不需要标注单位符号,如采用其他单位,则必须注明。

　　3）机件的每一个尺寸一般只标注一次，且应标注在该结构最清晰的图形上。

　　4）图样中所注尺寸为机件的最后完工尺寸，否则应另加说明。

　　5）标注尺寸的常用符号和缩写词见表1-4规定。

表1-4　常用符号和缩写词

| 名称 | 直径 | 半径 | 球直径 | 球半径 | 厚度 | 正方形 | 45°倒角 | 深度 | 沉孔或锪平 | 埋头孔 | 均布 |
|---|---|---|---|---|---|---|---|---|---|---|---|
| 符号和缩写词 | $\phi$ | $R$ | $S\phi$ | $SR$ | $t$ | □ | $C$ | ⊤ | ⊔ | ∨ | $EQS$ |

**2. 尺寸的组成**

　　一个完整的尺寸，应包括四个要素：尺寸界线、尺寸线、尺寸线终端和尺寸数字，如图1-12所示。

　　（1）尺寸界线　尺寸界线是用细实线绘制，一般由图形的轮廓线、轴线、对称中心线等处引出，也可由轮廓线或中心线代替，尺寸界线应超出尺寸线2~3mm，如图1-12所示。

　　尺寸界线一般应与尺寸线垂直，但必要时允许倾斜，如图1-13所示。

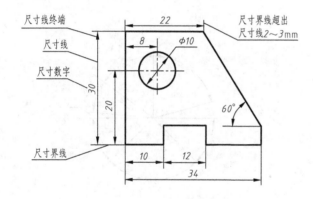

图1-12　尺寸标注的四个要素

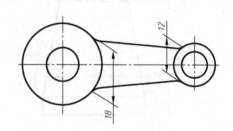

图1-13　尺寸界线倾斜

　　（2）尺寸线　尺寸线是用细实线绘制，但是不能用其他图线引出或代替，应单独画出。标注线形尺寸时，尺寸线应与所标注线段平行。

　　相互平行的尺寸线，应小尺寸在里、大尺寸在外；同方向的尺寸线，应排列在同一条直线上，以使图样清晰，如图1-12所示。

　　（3）尺寸线终端　尺寸线终端的形式一般有两种：箭头和斜线，其画法如图1-14所示，同一图样只能采用一种形式。机械图样一般用箭头形式，箭头尖端与尺寸界线接触，不得超出也不得离开。斜线常在画草图时采用，也可用于尺寸较小画箭头地方不够时使用。

　　（4）尺寸数字　尺寸数字一般采用3.5号字（也可根据图样大小调整），同一张图样上字高应一致。

　　标注线性尺寸数字时，水平数字一般注写在尺寸线的上方，字头朝上；尺寸线竖直时，数字要注写在尺寸线的左边，字头朝左；尺寸线倾斜时，数字字头是朝上的趋势，但在30°范围内时为避免误解，应由引线引出水平书写，如图1-15所示。

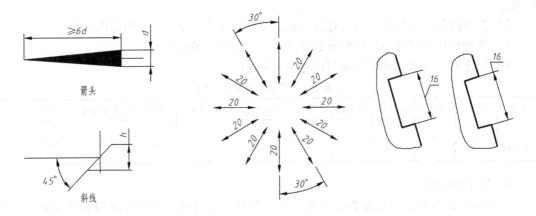

图 1-14　尺寸线终端　　　　　　　　　图 1-15　线性尺寸数字常用写法

尺寸数字也可以水平书写在尺寸线的中断处，如图 1-16 所示，但同一图样应用同一种形式。

角度尺寸数字应水平书写（角度的尺寸界线沿径向引出，尺寸线是以角顶点为圆心的弧线），如图 1-17 所示。

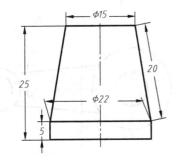

图 1-16　尺寸数字注写在尺寸线中断处

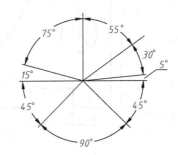

图 1-17　角度尺寸数字

为保证尺寸数字的完整和清晰，尺寸数字不能被图线通过，否则须将图线断开，如图 1-18 所示。

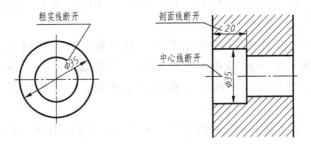

图 1-18　尺寸数字不能被图线通过

**3. 尺寸标注中的常见问题**

尺寸标注中的常见问题见表 1-5。

**表 1-5　尺寸标注中的常见问题**

| | |
|---|---|
| 直径和半径尺寸 | 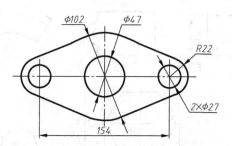<br><br>整圆或大于半圆的圆弧标注直径尺寸，数值前加注 φ；小于或等于半圆的圆弧标注半径尺寸，数值前加注 R；n 个等直径的圆或圆弧必须标注 n×φ，而 n 个等半径的圆弧却只能标注单个 R |
| 对称尺寸 | 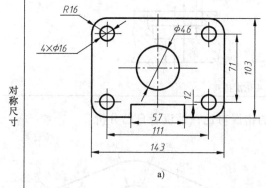 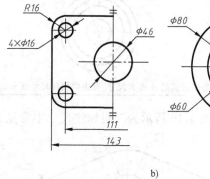<br>　　　　　a)　　　　　　　　　　　　b)<br><br>对称图形的定位尺寸按对称形式标注，不得只标注一半，如图 a 所示；<br>对称图形的不完整表示，可只画出一端箭头，但尺寸线应超过对称中心线，如图 b 所示 |
| 小尺寸标注 | 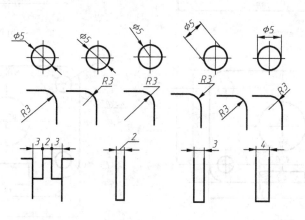<br><br>当尺寸较小画箭头地方不够时，箭头可画在尺寸界限外，指向内侧。中间箭头也可用圆点代替 |

（续）

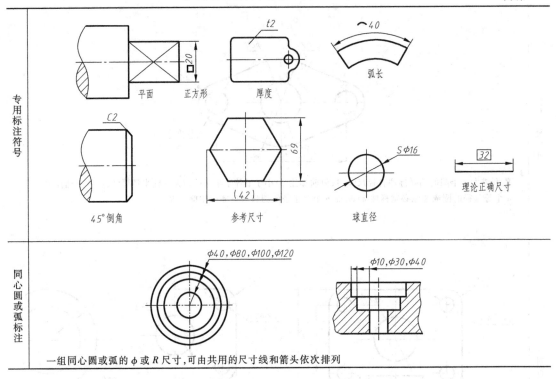

专用标注符号

平面　正方形　厚度　弧长

45°倒角　参考尺寸　球直径　理论正确尺寸

同心圆或弧标注

一组同心圆或弧的 $\phi$ 或 $R$ 尺寸，可由共用的尺寸线和箭头依次排列

**例**　如图 1-19 所示为三组标注尺寸中常见的错误对比，请读者自己分析。

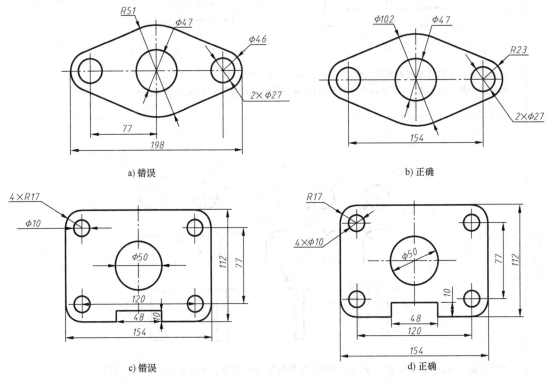

a) 错误　　　　　　　　　　　　b) 正确

c) 错误　　　　　　　　　　　　d) 正确

图 1-19　常见标注错误举例

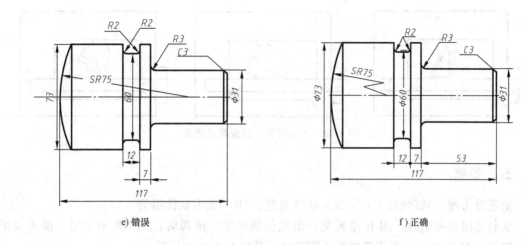

e) 错误　　　　　　　　　　　　　　f) 正确

图 1-19　常见标注错误举例（续）

# 第二节　绘图工具及其使用

随着科学技术的发展，计算机绘图正在逐渐推广普及，但是手工绘图仍然是掌握机械制图基本技能的必要过程，因此需要掌握常用绘图工具的使用方法以及规范绘制机械图样的方法。

## 一、图板

图板是用来铺放、固定图纸的矩形木板，如图 1-20 所示。图板表面要求平整光滑，左侧为导边，要求平直。使用时应注意保持图板的整洁完好，防止变形和损坏。

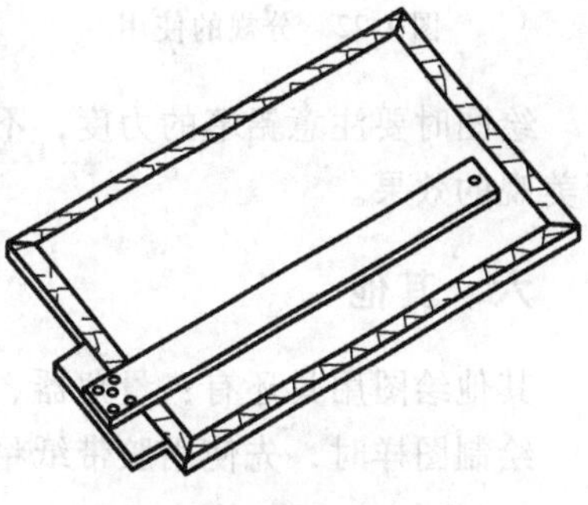

图 1-20　图板和丁字尺

## 二、丁字尺

丁字尺由尺身和尺头组成，如图 1-20 所示。使用时将尺头内侧紧靠图板的导边，左手上下推动，右手便可沿着丁字尺长边画出一系列水平线。

## 三、三角板

常用的三角板有 45°直角三角板、30°（60°）直角三角板。

将三角板和丁字尺配合使用，可画出垂直线和 30°（60°）、45°斜线，两块三角板结合还可画出 15°、75°等斜线，如图 1-21 所示。

## 四、圆规和分规

圆规用来画圆或圆弧。使用时要注意钢针针脚与图纸纸面保持垂直。

分规两脚均为钢针，用于量取线段长度或等分直线段及圆弧，如图 1-22 所示。

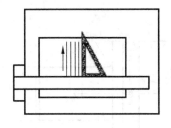 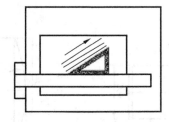 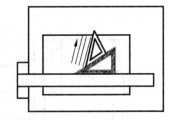

图 1-21　丁字尺和三角板配合使用

## 五、铅笔

铅笔分为硬、软两种，"H"表示硬性铅笔，"B"表示软性铅笔。

绘制底图和写字时，用 H 型铅笔，削成锐圆锥形，描深时，用 HB 型铅笔，削成扁铲形，如图 1-23 所示。用圆规描深圆或圆弧时，可用 B 型铅笔笔芯。

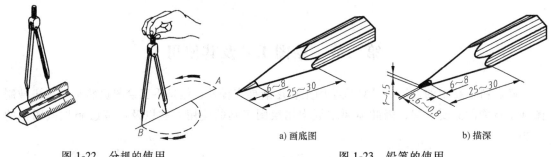

图 1-22　分规的使用

a) 画底图　　　　b) 描深

图 1-23　铅笔的使用

绘图时要注意铅笔的力度，不要来回重复地画，从而保证图线宽度、深浅一致，获得清晰美观的效果。

## 六、其他

其他绘图用具还有：量角器、曲线板、橡皮和胶带纸等。

绘制图样时，先使用胶带纸将摆放端正的图纸固定在图板上，方可进行绘图。

# 第三节　几何绘图基础

尽管物体的结构各有不同，但都是由基本的几何图形组成，本节主要介绍常见基本几何图形的作图方法。

## 一、等分图形

表 1-6 为常用的等分线段和等分圆周的方法。

## 二、四心圆法绘制椭圆

四心圆法是利用椭圆的已知长短轴，找到四个圆心，用四段圆弧近似绘制椭圆的方法。具体步骤见表 1-7。

**表 1-6 等分线段和等分圆周的方法**

画法说明

| | |
|---|---|
| 任意等分线段 | 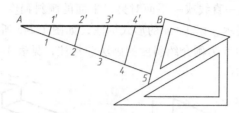 |

将 *AB* 直线 *n* 等分,以 5 等分为例。过已知直线 *AB* 的端点 *A* 作一条任意方向辅助线,用分规将其 5 等分,(每等分长度任意,得 1、2、3、4、5 点)。将终点与已知直线终点 *B* 相连。过辅助线上的等分点作终点连线的一系列平行线,与已知直线相交,其交点即为所求等分点

| | |
|---|---|
| 等分圆周 | 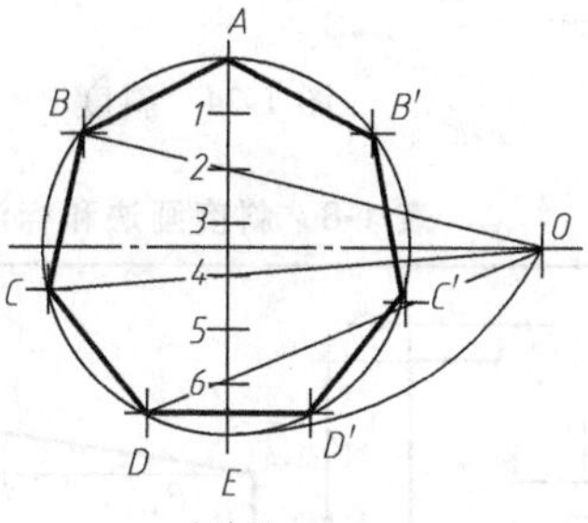 |

七边形

将圆周 *n* 等分,以作圆内正七边形为例,如图所示。将垂直直径 *AE* 七等分,以 *A* 为圆心、*AE* 为半径画弧,交水平直径的延长线于 *O* 点;作 *O* 点与等分点 2、4、6(隔点取)的连线,延长交圆周于 *B*、*C*、*D* 点,并作其对称点 *B′*、*C′*、*D′*;将各点依次连接,即为所求七边形

在实际生产中,正六边形的应用非常普遍,如图 a 所示的六角头螺栓。正六边形可以采用较简便的画法,如下图 b、c、d 所示

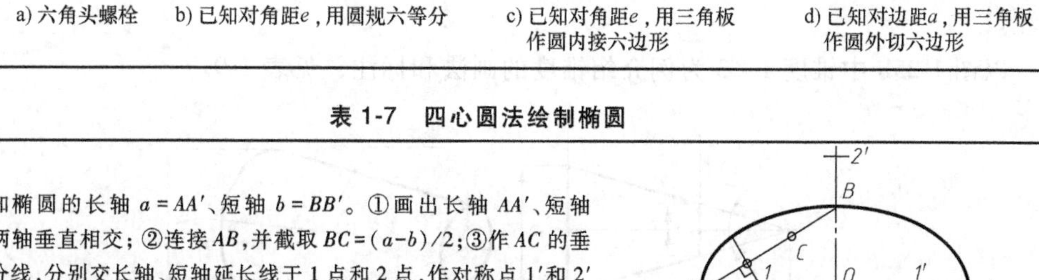

| | |
|---|---|
| 正六边形的三种画法 |   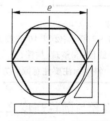 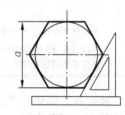 |

a) 六角头螺栓　　b) 已知对角距 *e*,用圆规六等分　　c) 已知对角距 *e*,用三角板作圆内接六边形　　d) 已知对边距 *a*,用三角板作圆外切六边形

**表 1-7 四心圆法绘制椭圆**

| | |
|---|---|
| 椭圆画法 | 已知椭圆的长轴 *a* = *AA′*、短轴 *b* = *BB′*。①画出长轴 *AA′*、短轴 *BB′*,两轴垂直相交;②连接 *AB*,并截取 *BC* = (*a*−*b*)/2;③作 *AC* 的垂直平分线,分别交长轴、短轴延长线于 1 点和 2 点,作对称点 1′ 和 2′ 点(即为 4 个圆心);④以 2 点为圆心、2*B* 为半径画长弧,1 点为圆心、1*A* 为半径画短弧,两段圆弧的交点在 12 直线的延长线上;⑤作对称长、短弧,整理完成整个椭圆 | 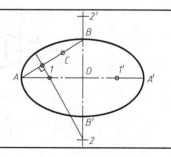 |

### 三、斜度和锥度

斜度是指一直线对另一直线或一平面对另一平面的倾斜程度，数值通常以直角三角形两个直角边的比值 $H/L$ 来表示，以 $1:n$ 的形式标注，如图 1-24a 所示。

以图 1-24b 中斜度 $1:5$ 为例介绍斜度的画法和标注，见表 1-8。

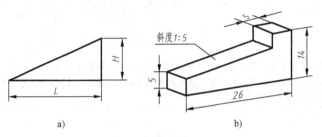

a)                b)

图 1-24　斜度

**表 1-8　斜度画法和标注**

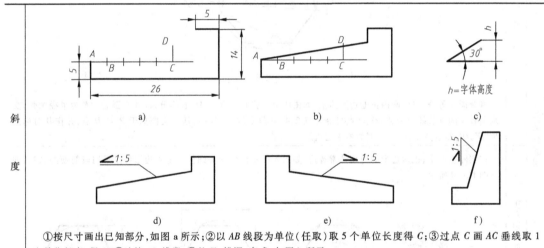

斜度

a)                b)                c)

d)                e)                f)

①按尺寸画出已知部分，如图 a 所示；②以 $AB$ 线段为单位（任取）取 5 个单位长度得 $C$；③过点 $C$ 画 $AC$ 垂线取 1 个单位长度，得 $D$；④连接 $AD$ 线段；⑤整理、描深，完成，如图 b 所示

斜度符号画法如图 c 所示。斜度标注要注意倾斜方向应与图线一致，如图 d、e、f 所示

锥度指正圆锥的底圆直径与圆锥高度之比，如图 1-25a 所示的 $D/L$，常以 $1:n$ 的形式标注。

以图 1-25b 中锥度 $1:3$ 为例介绍锥度的画法和标注，见表 1-9。

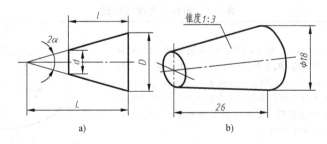

a)                b)

图 1-25　锥度

表 1-9　锥度画法和标注

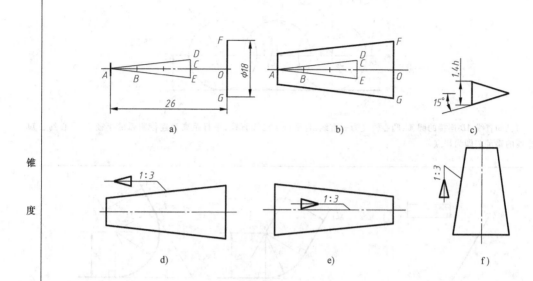

a)　　　　　　　　　b)　　　　　　　　　c)

d)　　　　　　　　　e)　　　　　　　　　f)

锥　度

　　①按尺寸画出已知部分,如图 a 所示;②过 A 沿轴线取 3 个单位长度(任取),得 C;③过点 C 作垂线,取 DE 为 1 个单位长度,作出底边为 1 个单位,高为 3 个单位的等腰三角形 ADE;④过 F、G 点作 DA、EA 的平行线;⑤整理、描深,完成,如图 b 所示

　　锥度符号画法如图 c 所示。锥度标注要注意倾斜方向应与圆锥(圆台)一致,如图 d、e、f 所示

## 四、圆弧连接

　　用一段已知半径的圆弧,光滑地连接两个相邻对象（直线或圆弧）的作图方法,称为圆弧连接。圆弧连接在机件的表达中经常可见,如图 1-26 所示的扳手。

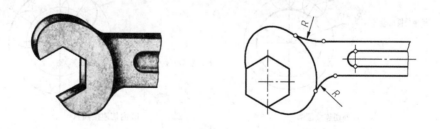

图 1-26　扳手

　　圆弧连接的类型有用连接弧连直线和圆弧两种,其中圆弧连接又可分为外切连接和内切连接。

　　圆弧连接的要点是找到连接圆弧的圆心和切点。表 1-10 为圆弧连接两已知直线的作图原理和作图方法。表 1-11 为圆弧连接两已知圆弧的作图原理和作图方法。

表 1-10　圆弧连接两直线

| 作图原理 | 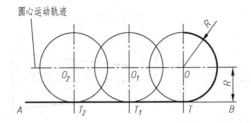 |
|---|---|

与已知直线 $AB$ 连接的圆弧,圆心轨迹为一直线,且平行于已知直线,平行距离为连接圆弧的半径 $R$,圆心到已知直线的垂足 $T$ 即为切点

| 作图方法 | 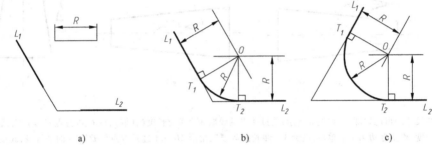 |
|---|---|

已知条件:已知两直线 $L_1$、$L_2$,连接弧半径 $R$,如图 a 所示,用连接弧连接两直线

①作直线 $L_1$、$L_2$ 的内平行线(平移距离为 $R$),相交于 $O$ 点即为连接弧的圆心,如图 b 所示;②求切点:由 $O$ 点分别向 $L_1$、$L_2$ 作垂线,其垂足即为切点 $T_1$、$T_2$,如图 b 所示;③光滑连接:以 $O$ 点为圆心、$R$ 为半径画弧,光滑连接两直线,如图 c 所示

表 1-11　圆弧连接两圆弧

| 作图原理 | 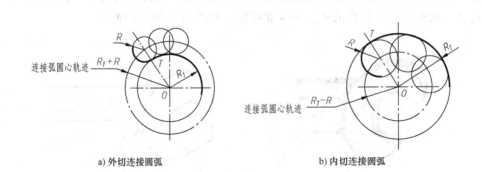 |
|---|---|
| | a) 外切连接圆弧　　　　　　　　b) 内切连接圆弧 |

连接弧的圆心与已知圆弧圆心不在同侧为外切,如图 a 所示;圆心在同侧为内切,如图 b 所示

a 图中,连接弧圆心与已知圆弧同心,轨迹为圆,其半径为两半径之和($R_1+R$);两圆心连线与圆周交点 $T$ 即为切点

b 图中,连接弧圆心与已知圆弧同心,轨迹为圆,其半径为两半径之差($R_1-R$);两圆心连线与圆周交点 $T$ 即为切点

（续）

| | |
|---|---|
| 作图方法 | 外切连接圆弧<br>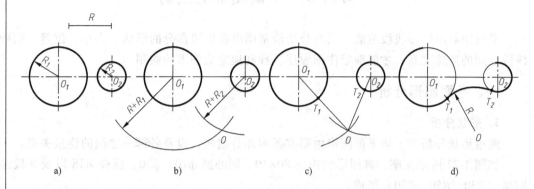<br>　　a)　　　　　　b)　　　　　　c)　　　　　　d)<br><br>已知条件:已知两圆弧圆心为 $O_1$ 和 $O_2$,半径为 $R_1$ 和 $R_2$,如图 a 所示,用半径 $R$ 的连接弧外切连接<br>　①求连接弧圆心:分别以 $O_1$ 和 $O_2$ 为圆心、$R+R_1$ 和 $R+R_2$ 为半径画弧,交点 $O$ 即是所求圆心,如图 b 所示;②求切点:分别作连心线 $OO_1$ 和 $OO_2$,交两圆于 $T_1$、$T_2$,即是切点,如图 c 所示;③以 $O$ 为圆心、$R$ 为半径画弧,光滑连接,如图 d 所示<br><br>内切连接圆弧<br>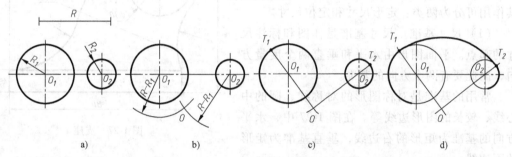<br>　　a)　　　　　　b)　　　　　　c)　　　　　　d)<br><br>已知条件:已知两圆弧圆心为 $O_1$ 和 $O_2$,半径为 $R_1$ 和 $R_2$,如图 a 所示,用半径 $R$ 的连接弧内切连接<br>　①求连接弧圆心:分别以 $O_1$ 和 $O_2$ 为圆心、$R-R_1$ 和 $R-R_2$ 为半径画弧,交点 $O$ 即是所求圆心,如图 b 所示;②求切点:分别作连心线 $OO_1$ 和 $OO_2$ 交两圆于 $T_1$、$T_2$,即是切点,如图 c 所示;③以 $O$ 为圆心、$R$ 为半径画弧,光滑连接,如图 d 所示<br><br>内、外切连接圆弧<br>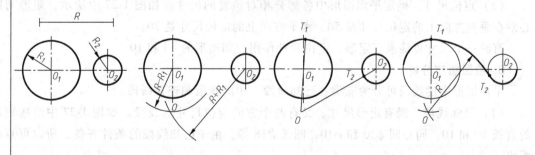<br>　　a)　　　　　　b)　　　　　　c)　　　　　　d)<br><br>已知条件:已知两圆弧圆心为 $O_1$ 和 $O_2$,半径为 $R_1$ 和 $R_2$,如图 a 所示,用半径 $R$ 的连接弧内切连接 $R_1$ 圆和外切连接 $R_2$ 圆<br>　①求连接弧圆心:分别以 $O_1$ 和 $O_2$ 为圆心、$R-R_1$ 和 $R+R_2$ 为半径画弧,交点 $O$ 即是所求圆心,如图 b 所示;②求切点:分别作连心线 $OO_1$ 和 $OO_2$,交两圆弧于 $T_1$、$T_2$ 点,即是切点,如图 c 所示;③以 $O$ 为圆心、$R$ 为半径画弧,光滑连接,如图 d 所示 |

# 第四节　平面图形的绘制

平面图形由许多线段组成，只有分析清楚图形各组成部分的形状、大小、位置，明确各线段之间的连接关系，才能确定作图顺序，顺利地完成图形的绘制。

## 一、平面图形分析

### 1. 形状分析

通过形状分析，了解平面图形由哪些基本部分组成，以及各部分之间的连接关系。

如图 1-27 所示支座，其图形由矩形 80×10、同心圆 $\phi10$、$\phi30$、圆弧 $R18$ 以及 3 段连接圆弧（$R30$、$R50$、$R30$）组成。

### 2. 尺寸分析

尺寸是平面图形中非常重要的组成，决定了各组成部分的大小和相对位置。标注尺寸时，应先确定尺寸基准，再进行标注。标注尺寸按其作用可分为两类：定形尺寸和定位尺寸。

（1）尺寸基准　尺寸基准是作图和标注尺寸的起点。平面图形由水平和垂直两个度量方向，因此要有两个方向的基准。

常用的基准是对称图形的对称线、圆的中心线、较长的图形边线等。在图 1-27 中，水平方向的基准为矩形的右边线，垂直基准为矩形的下边线。

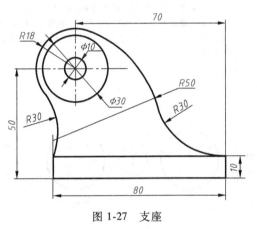

图 1-27　支座

（2）定形尺寸　确定平面图形中各部分形状大小的尺寸。如图 1-27 中所示，矩形长 80、高 10，同心圆直径 $\phi10$、$\phi30$、圆弧 $R18$，以及各连接弧半径（$R30$、$R50$ 和 $R30$）均为定形尺寸。

（3）定位尺寸　确定平面图形中各部分相对位置的尺寸。如图 1-27 中所示，矩形与同心圆在垂直方向上的定位尺寸是 50，水平方向上的定位尺寸是 70。

有时一个尺寸可能兼有定形、定位两种作用，如矩形的 80 和 10。

### 3. 绘图顺序分析

平面图形中的线段可分为三类：已知线段、中间线段和连接线段。

（1）已知线段　既有定形尺寸、又有两个方向定位尺寸的线段。如图 1-27 中组成矩形的直线 80 和 10，同心圆 $\phi30$ 和 $\phi10$，圆弧 $R18$ 等。由于已知线段的条件齐备，所以可直接画出。

（2）中间线段　具有定形尺寸、一个方向定位尺寸，需要借助一个相邻的连接关系才能画出的线段。如图 1-27 中的 $R50$。

（3）连接线段　只具有定形尺寸，需要借助两个相邻的连接关系才能画出的线段。如图 1-27 中的两个 $R30$。

平面图形的绘图顺序是：先画已知线段，再画中间线段，最后画连接线段。

## 二、平面图形的作图步骤

以图 1-27 所示的支座的平面图形为例，在上述平面图形分析的基础上，写出平面图形的作图步骤。

**1. 绘制底图**（用 H 型铅笔、细线）

（1）画出基准及主要定位线　建立水平、垂直两个方向的基准，同时将同心圆的圆心定位，如图 1-28a 所示。

（2）画已知线段　矩形 80×10、同心圆 φ10、φ30、圆弧 R18，如图 1-28b 所示。

（3）画中间线段　R50 的圆心已具备一个定位尺寸（在矩形左侧边的延长线上），再根据 R50 与 R18 相内切找到另一个圆心条件。具体作图方法为：以 R18 的圆心为圆心、32 为半径（50-18）画圆弧，与矩形左侧边的延长线的交点即为 R50 的圆心。根据圆心和切点位置，画出 R50 圆弧。如图 1-28c 所示。

（4）画连接线段　①左侧连接弧 R30 是连接点 A 和弧 R18 的，找圆心的具体作图方法为：以 R18 的圆心为圆心、48 为半径（30+18）画圆弧，再以 A 点为圆心、30 为半径画圆弧，两个圆弧的交点即为圆心；②右侧连接弧 R30 是连接矩形的上边线和弧 R50 的，找圆心的具体作图方法为：作矩形上边线的平行线、距离为 30，再以 R50 的圆心为圆心、80 为半径（50+30）画圆弧，平行线与圆弧的交点即为圆心。如图 1-28d 所示。

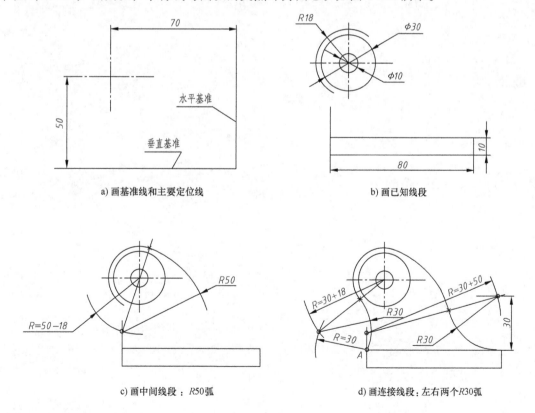

a) 画基准线和主要定位线

b) 画已知线段

c) 画中间线段：R50 弧

d) 画连接线段：左右两个 R30 弧

图 1-28　绘制底图

## 2. 检查描深

检查图形，擦去多余图线。按照线型的规定进行描深，建议用 B 型铅芯描深圆弧，用 HB 型铅笔描深直线。

描深的顺序是：

先曲后直——在描深同一线型时，应先描深圆和圆弧，再描深直线，以保证曲、直线连接处圆滑过渡。

先平后竖——在描深直线时，先用丁字尺由上到下描深全部水平线，再用三角板从左到右描深所有垂直线，最后描深斜线。

## 3. 标注尺寸

按国家标准规定标注尺寸，要注意箭头和数字的规范性。最后完成的图形如图 1-27 所示。

# 第二章

# 投影基础

任何物体的表面都是由点、线、面等基本几何元素构成的。本章在介绍正投影法及其投影特性和三面投影体系有关知识的基础上，重点讨论点、直线和平面在三面投影体系中的投影规律和投影图的作图方法。通过本章的学习和训练，引导初学者逐步掌握正投影法的基础知识，建立起点、直线、平面的三维空间位置和相互关系，培养空间分析和想象能力。

## 第一节 投 影 法

### 一、投影法基本概念

物体在日光或灯光的照射下，就会在地面或墙面上出现影子，这就是日常生活中的投影现象。人们将这种现象进行科学总结和抽象，提出了投影法。

如图 2-1 所示，将三角形薄板 $ABC$ 放在投影面 $P$ 和投射中心 $S$ 之间，自 $S$ 分别向 $ABC$ 引投射线并延长，使它们与投影面 $P$ 交于 $a$、$b$、$c$，则 $\triangle abc$ 是 $\triangle ABC$ 在投影面 $P$ 上的投影。这种通过物体向选定的平面进行投射，并在该面上得到图形的方法称为投影法。

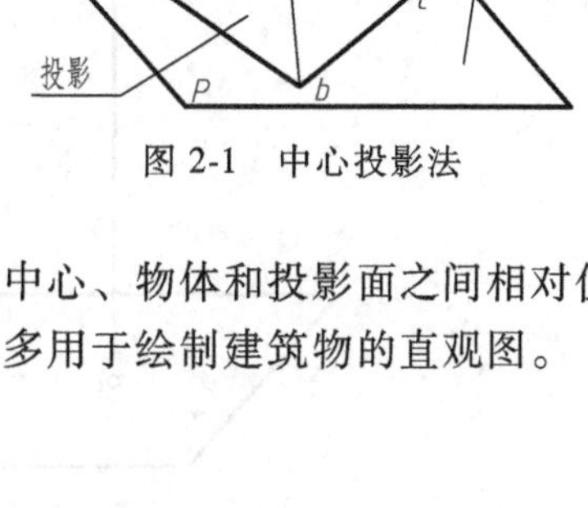

### 二、投影法的分类

投影法可分为中心投影法和平行投影法两大类。

#### 1. 中心投影法

投射线汇交于一点的投影法，称为中心投影法。

图 2-1 所示即为中心投影法。由于中心投影法一般不

图 2-1 中心投影法

反映物体各部分的真实形状和大小，而且投影的大小随投射中心、物体和投影面之间相对位置的改变而改变，度量性较差。但中心投影法立体感较强，多用于绘制建筑物的直观图。

#### 2. 平行投影法

投射线相互平行的投影法，称为平行投影法。

在平行投影法中，按投射线是否垂直于投影面，可分为斜投影法和正投影法。其中，投射线与投影面相倾斜的平行投影法称为斜投影法（见图 2-2a）；投射线与投影面垂直的平行

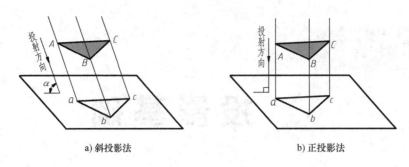

a) 斜投影法    b) 正投影法

图 2-2　平行投影法

投影法称为正投影法（见图 2-2b）。

　　由于采用正投影法一般能真实地表达空间物体的形状和大小，作图也比较简便，具有很好的度量性，因此绘制机械图样主要采用正投影法。绘图时，空间几何元素用大写字母表示，其投影用同名小写字母表示。物体和投影轮廓用粗实线绘制，投射线用细实线绘制。

### 三、正投影的基本性质

（1）显实性　当直线或平面平行于投影面时，其直线的投影反映实长、平面的投影反映实形的性质，称为显实性（见图 2-3）。

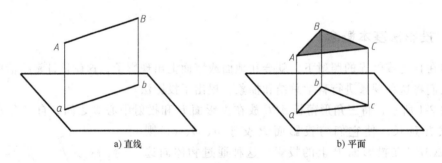

a) 直线    b) 平面

图 2-3　直线、平面平行于投影面时的正投影

（2）积聚性　当直线或平面垂直于投影面时，其直线的投影积聚成一点、平面的投影积聚成一条直线的性质，称为积聚性（见图 2-4）。

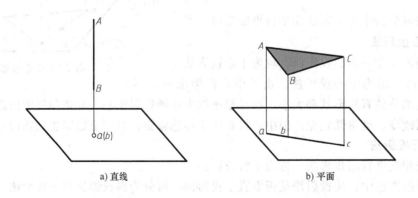

a) 直线    b) 平面

图 2-4　直线、平面垂直于投影面时的正投影

（3）类似性　当直线或平面倾斜于投影面时，其直线的投影仍为直线、平面图形的投影为与原来的形状相类似的性质，称为类似性（见图2-5）。

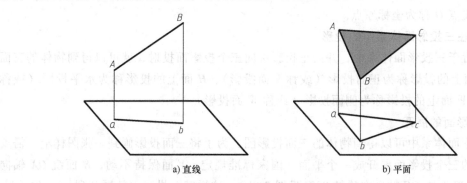

a) 直线　　　　　b) 平面

图 2-5　直线、平面倾斜于投影面时的正投影

# 第二节　三　视　图

## 一、视图的基本概念

用正投影法绘制出的物体图形，称为视图。

在机械制图中，可以把人的视线设想成一组平行且与投射面垂直的投射线，把物体在投影面上的投影，称为视图。其投射情况如图2-6所示。

机械制图所要表示的对象是三维的空间形体，采用正投影法只能得到二维的平面图形，而仅根据形体在一个投影面上的投影不能确定其空间形状，工程上一般用多面视图表示物体的形状，常用的是三视图。

## 二、三视图的形成

### 1. 三投影面体系的建立

三投影面体系是由空间三个相互垂直的投影面构成的（见图2-7）。它们分别为正立投影面（简称正面或 $V$ 面）、水平投影面（简称水平面或 $H$ 面）和侧立投影面（简称侧面或 $W$ 面）。

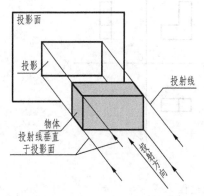

图 2-6　获得视图的投射情况

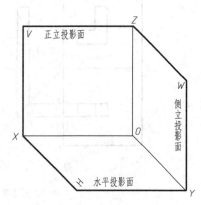

图 2-7　三投影面体系

三个投影面之间的交线称为投影轴，三根投影轴分别为 $OX$ 轴（简称 $X$ 轴）、$OY$ 轴（简称 $Y$ 轴）、$OZ$ 轴（简称 $Z$ 轴），分别代表物体的长度、宽度和高度方向。三根坐标轴互相垂直，其交点 $O$ 称为坐标原点。

### 2. 物体在三投影面体系中的投影

将物体置于三投影面体系中，并按正投影法向三个投影面投射，就可以得到物体的三面投影图，$V$ 面上的投影称为正面投影（或称 $V$ 面投影），$H$ 面上的投影称为水平投影（或称 $H$ 面投影），$W$ 面上的投影称为侧面投影（或称 $W$ 面投影）。

### 3. 三投影面的展开

在三投影面体系中可以得到物体的三面投影图，为了将三面投影画到一张图样上，需要将互相垂直的三个投影面展开成一个平面。国家标准规定：$V$ 面保持不动，$H$ 面绕 $OX$ 轴向下旋转 90°，$W$ 面绕 $OZ$ 轴向右旋转 90°（见图 2-8b），这样三个投影面就展开到一个平面上，如图 2-8c 所示为展开后的三视图。三投影面体系展开后，$OX$ 轴、$OZ$ 轴位置不变，$OY$ 轴被分为两处，$H$ 面上用 $OY_H$ 表示，$W$ 面上用 $OY_W$ 表示。

物体在 $V$ 面上的投影，也就是从前向后投射所得的视图，称为主视图；物体在 $H$ 面上的投影，也就是从上向下投射所得的视图，称为俯视图；物体在 $W$ 面上的投影，也就是从左向右投射所得的视图，称为左视图（见图 2-8c）。绘图时，投影面范围大小与视图无关，因此不必画出，三视图更为简洁清晰（见图 2-8d）。

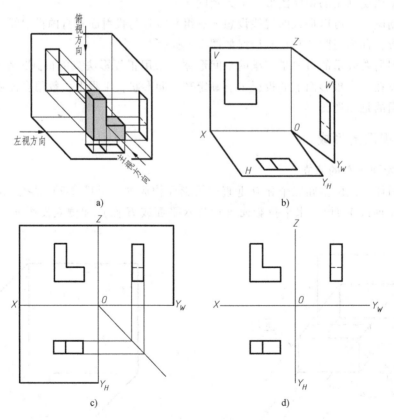

图 2-8  三视图的形成过程

### 三、三视图的对应关系

#### 1. 三视图的位置关系

以主视图为准，俯视图在它的下面，左视图在它的右面。

#### 2. 三视图间的"三等"关系

如图 2-8 所示，从三视图的形成过程中，可以看出主视图反应物体的长度（$X$）和高度（$Z$），俯视图反应物体的长度（$X$）和宽度（$Y$），左视图反应物体的宽度（$Y$）和高度（$Z$）。

归纳得出以下规律：

主、俯视图——长对正。

主、左视图——高平齐。

俯、左视图——宽相等。

三面投影图"长对正、高平齐、宽相等"的投影规律简称为"三等"规律，如图 2-9 所示。需要注意，无论是整个物体还是物体的各相应部分，都必须满足这一投影规律。

作图时，为实现"俯、左视图宽相等"，可从原点坐标 $O$ 作 45°辅助线，来求得其对应关系（见图 2-10）。

图 2-9　视图间的"三等"关系

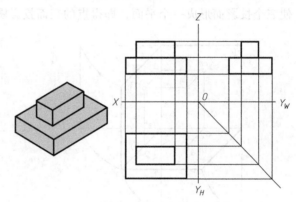

图 2-10　物体的三视图

#### 3. 视图与物体的方位关系

如图 2-11a，当面对正面（即主视图投射方向）来观察物体时，物体在空间中的上、

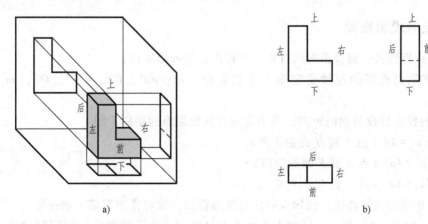

a)　　　　　　　　　　　　　　　b)

图 2-11　视图和物体的方位关系

下、左、右、前、后六个方位在三视图中的对应关系（图 2-11b）为：

主视图——反映物体的上下（高度）和左右（长度）尺寸。

俯视图——反映物体的左右（长度）和前后（宽度）尺寸。

左视图——反映物体的上下（高度）和前后（宽度）尺寸。

由图 2-11 可知，左视图和俯视图在靠近主视图的一边均表示物体的后面，在远离主视图的一边，均表示物体的前面。

# 第三节　点的投影

点是组成物体的最基本几何元素，任何物体都可以看作是点的集合，研究点的投影规律是掌握其他几何要素投影规律的基础。

## 一、点的三面投影

空间点 $A$ 分别向 $H$、$V$、$W$ 面进行投射，得到三个投影点，分别用 $a$、$a'$、$a''$ 表示（见图 2-12a）。移去空间点 $A$，令 $V$ 面不动，$H$ 面绕 $OX$ 轴向下旋转 $90°$，$W$ 面绕 $OZ$ 轴向右旋转 $90°$，使三个投影面形成一个平面，即得点的三面投影图（见图 2-12b）。

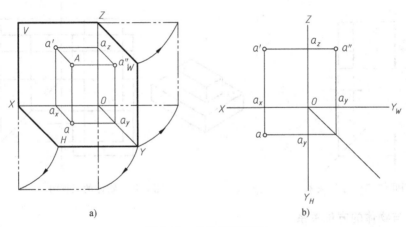

图 2-12　点的三面投影

## 二、点的投影规律

由空间点得到其三面投影图的过程，可得出点的投影规律：

1）点的两面投影的连线必定垂直于投影轴。即：$aa' \perp OX$，$a'a'' \perp OZ$，$aa_y \perp OY_H$，$a''a_y \perp OY_W$。

2）点的投影到投影轴的距离，等于空间点到投影面的距离，即：

$a'a_x = a''a_y = Aa$（点 $A$ 到 $H$ 面的距离）。

$aa_x = a''a_z = Aa'$（点 $A$ 到 $V$ 面的距离）。

$aa_y = a'a_z = Aa''$（点 $A$ 到 $W$ 面的距离）。

根据上述点的投影特性，已知点的任意两面投影，就可作出其第三面投影。

**例 2-1**　如图 2-13a 所示，已知点 $A$ 的正面投影 $a'$ 和水平投影 $a$，求其侧面投影。

分析：由点 $A$ 投影特性可知，$a'a'' \perp OZ$，$a''a_z = aa_x$。

作图：过 $a'$ 作直线垂直于 $OZ$ 轴，交 $OZ$ 轴于 $a_z$，在 $a'a_z$ 的延长线上量取 $a''a_z = aa_x$（见图 2-13b），即可求出 $a''$。也可以采用 45°斜线的方法（见图 2-13c）。

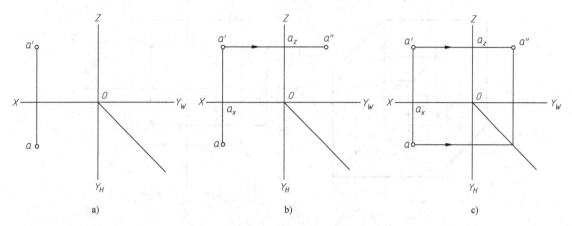

a)　　　　　　　　　　b)　　　　　　　　　　c)

图 2-13　已知点的两面投影求第三投影

## 三、点的投影与直角坐标的关系

如图 2-14a 所示，点的空间位置可用直角坐标值来表示，即把投影面当作坐标面，投影轴当作坐标轴，$O$ 即为坐标原点。点 $A$ 的位置可以用三个坐标值（$x_A$，$y_A$，$z_A$）来表示，则点的投影与坐标之间的关系为：

$$Aa'' = aa_y = a'a_z = x_A，\quad Aa' = aa_x = a''a_z = y_A，\quad Aa = a'a_x = a''a_y = z_A。$$

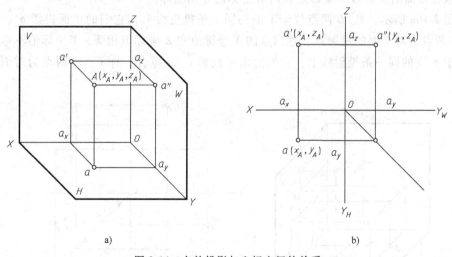

a)　　　　　　　　　　　　　　　b)

图 2-14　点的投影与坐标之间的关系

## 四、两点的相对位置与重影点

### 1. 两点的相对位置

两点的相对位置是指空间两点的上下、左右、前后位置关系。两点的相对位置，可以由两点在同一投影面投射的坐标关系来确定，如图 2-15 所示。

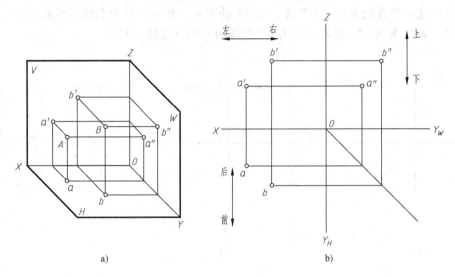

图 2-15　两点的相对位置

两点的左右位置由 $X$ 坐标值确定，$X$ 坐标值大的在左。故图 2-15 中点 $A$ 在点 $B$ 左方。

两点的前后位置由 $Y$ 坐标值确定，$Y$ 坐标值大的在前。故图 2-15 中点 $A$ 在点 $B$ 后方。

两点的上下位置由 $Z$ 坐标值确定，$Z$ 坐标值大的在上。故图 2-15 中点 $A$ 在点 $B$ 下方。

**2. 重影点及其可见性**

当两点位于某一投影面的同一条投射线上时，这两点在该投影面上的投影重合，称这两点为对该投影面的重影点。重影点有两对坐标值分别相等。

如图 2-16a 所示，$A$、$B$ 两点位于 $V$ 面的同一条投射线上，它们的正面投影 $a'$、$b'$ 重合，称 $A$、$B$ 两点为对 $V$ 面的重影点，这两点的 $X$ 坐标值和 $Z$ 坐标值相等，$Y$ 坐标值不等；$C$、$D$ 两点位于 $H$ 面的同一条投射线上，它们的水平投影 $c$、$d$ 重合，称 $C$、$D$ 两点为对 $H$ 面的重

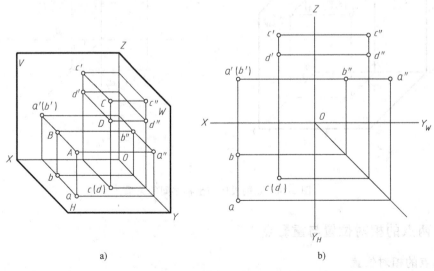

图 2-16　重影点及其可见性

影点，这两点的 $X$ 坐标值和 $Y$ 坐标值相等，$Z$ 坐标值不等。

由于重影点有两对坐标值相等，一对坐标值不等，坐标值大的点的投影会遮住坐标值小的点的投影，因此，坐标值大的点的投影可见，坐标值小的点的投影不可见，不可见投影的字母加圆括号表示。如图 2-16b 所示，$A$、$B$ 两点坐标 $x_A=x_B$，$z_A=z_B$，$y_A>y_B$，点 $A$ 在点 $B$ 的前方，故 $a'$ 可见、$b'$ 不可见，表示为 $a'(b')$；$C$、$D$ 两点坐标 $x_C=x_D$，$y_C=y_D$，$z_C>z_D$，点 $C$ 在点 $D$ 的上方，故 $c$ 可见、$d$ 不可见，表示为 $c(d)$。

# 第四节　直线的投影

本节所研究的直线，均指有限长度的直线，即直线段。

## 一、直线的投影

由平面几何可知，两点确定一条直线，故直线的投影可由直线上两点的投影确定。如图 2-17 所示为直线三面投影的作图步骤，先作出两个点的投影，再连接两点的同面投影即可。

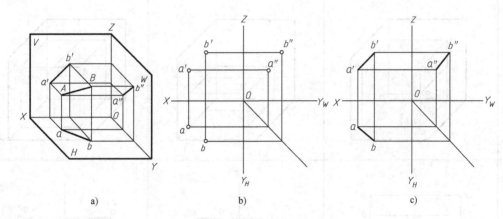

a)　　　　　　　　　　b)　　　　　　　　　　c)

图 2-17　直线的三面投影

## 二、各种位置直线的投影特性

直线对单一投影面的相对位置分为三类：垂直、平行、倾斜。由于位置不同，其投影具有不同的特性，如图 2-18 所示。

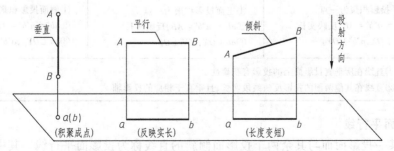

图 2-18　直线对投影面的相对位置及投影特性

直线在三投影面体系中的投影特性取决于直线与三个投影面的位置关系。根据直线与三投影面的相对位置关系可分为三类：投影面垂直线、投影面平行线、一般位置直线。投影面垂直线和投影面平行线又称为特殊位置直线。

**1. 投影面垂直线**

垂直于某一投影面，从而与其余两个投影面平行的直线称为投影面垂直线。其中，垂直于 $H$ 面的直线称为铅垂线；垂直于 $V$ 面的直线称为正垂线；垂直于 $W$ 面的直线称为侧垂线。它们的投影特性见表 2-1。

表 2-1　投影面垂直线的投影特性

| 名称 | 铅垂线（$\perp H$） | 正垂线（$\perp V$） | 侧垂线（$\perp W$） |
|---|---|---|---|
| 实例 | | | |
| 立体图 | | | |
| 投影图 | | | |
| 投影特性 | ①水平投影积聚为一点<br>②$a'b' = a''b'' = AB$，反映实长<br>③$a'b' \perp OX$，$a''b'' \perp OY_W$ | ①正面投影积聚为一点<br>②$ab = a''b'' = AB$，反映实长<br>③$ab \perp OX$，$a''b'' \perp OZ$ | ①侧面投影积聚为一点<br>②$ab = a'b' = AB$，反映实长<br>③$ab \perp OY_H$，$a'b' \perp OZ$ |
| | 小结：①直线在所垂直投影面上的投影有积聚性<br>②直线在其他两面的投影反映线段实长，且垂直于相应的投影轴 | | |

**2. 投影面平行线**

平行于某一投影面而与其余两个投影面倾斜的直线称为投影面平行线。其中，平行于 $H$ 面的直线称为水平线；平行于 $V$ 面的直线称为正平线；平行于 $W$ 面的直线称为侧平线。它们的投影特性见表 2-2。

表 2-2　投影面平行线的投影特性

| 名称 | 水平线（//H） | 正平线（//V） | 侧平线（//W） |
|---|---|---|---|
| 实例 | 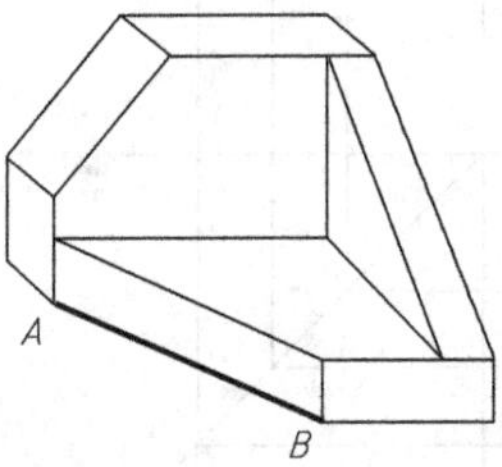 | 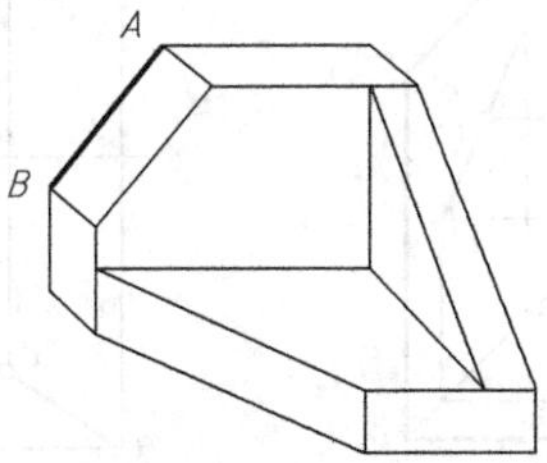 | 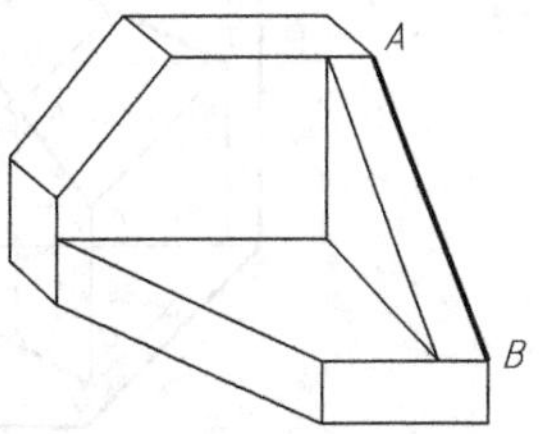 |
| 立体图 | 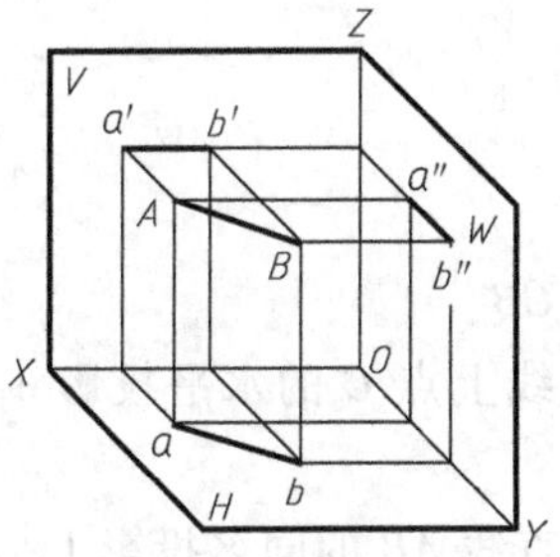 | 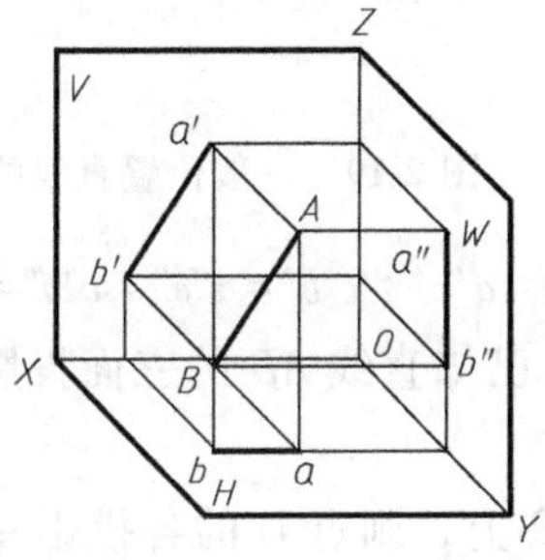 | 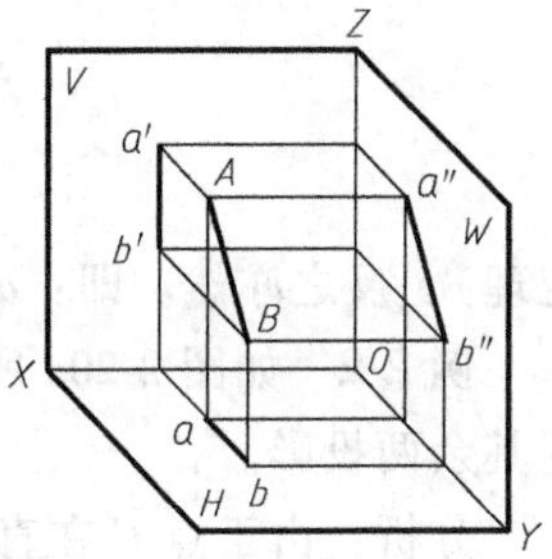 |
| 投影图 | 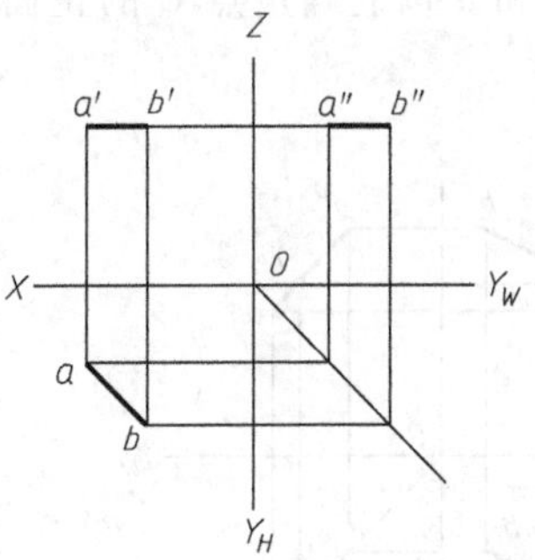 | 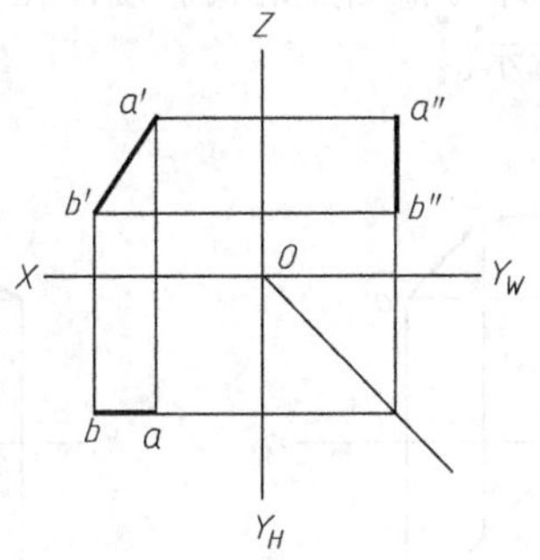 | 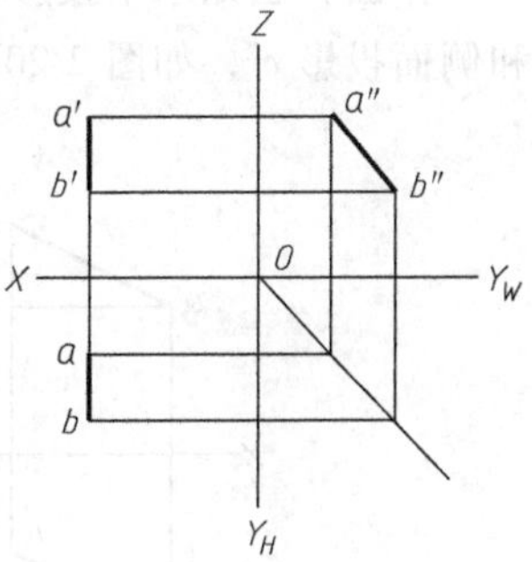 |
| 投影特性 | ①$ab = AB$，反映实长<br>②$a'b'//OX$，$a''b''//OY_W$，小于实长 | ①$a'b' = AB$，反映实长<br>②$ab//OX$，$a''b''//OZ$，小于实长 | ①$a''b'' = AB$，反映实长<br>②$ab//OY_H$，$a'b'//OZ$，小于实长 |
| | 小结：①直线在所平行投影面上的投影反映实长<br>②直线在其他两面的投影平行于相应的投影轴 | | |

### 3. 一般位置直线

与三个投影面均倾斜的直线称为一般位置直线。

如图 2-19 所示，一般位置直线的两端点到各投影面的距离都不相等。一般位置直线的投影特性为，三面投影均倾斜于投影轴，且三面投影的长度均小于空间线段的长度。

## 三、直线上的点

如图 2-19 所示，直线与其上的点有如下关系：

1）若点在直线上，则点的投影一定在直线的同名投影上，反之亦然。

2）若点在直线上，则点的投影将线段的同名投影分割成与空间线段相同的比例（定比

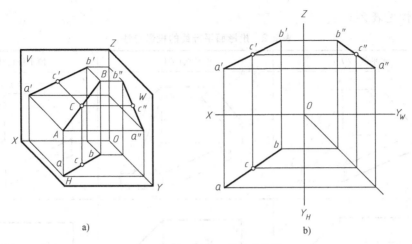

图 2-19　一般位置直线的投影

定理），反之亦然。即：$ac : cb = a'c' : c'b' = a''c'' : c''b'' = AC : CB$

**例 2-2**　如图 2-20a 所示，已知直线 $AB$ 的三面投影和直线上点 $C$ 的水平投影 $c$，求点 $C$ 的其余两投影。

**分析**：由于点 $C$ 在直线 $AB$ 上，则点 $C$ 的各投影一定在直线 $AB$ 的同名投影上。

**作图**：已知水平投影 $c$，即可根据点的投影规律在 $a'b'$ 和 $a''b''$ 上确定点 $C$ 的正面投影 $c'$ 和侧面投影 $c''$，如图 2-20b 所示。

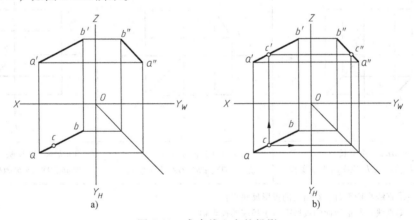

图 2-20　求直线上点的投影

## 第五节　平面的投影

本节所研究的平面，多指平面的有限部分，即平面图形。

### 一、平面图形的投影

平面图形的投影，一般仍为与其相类似的平面图形。

如图 2-21 所示为 $\triangle ABC$ 三面投影的作图步骤。作图时，先作出三角形各顶点的投影（见图 2-21b），然后将各点的同名投影连接起来，即可作出 $\triangle ABC$ 的三面投影（见图 2-21c）。

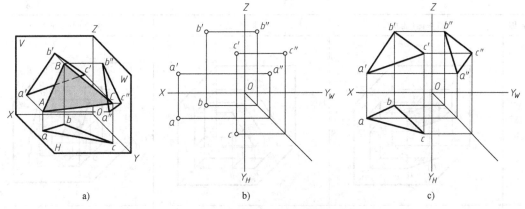

图 2-21　平面图形的投影

## 二、各种位置平面的投影特性

平面相对单一投影面的位置共有三种情况：平行于投影面、垂直于投影面、倾斜于投影面。由于位置不同，平面的投影具有不同的特性，如图 2-22 所示。

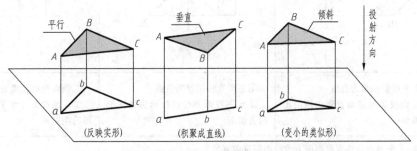

图 2-22　平面图形相对单一投影面的位置及投影特性

平面在三投影面体系中的投影特性取决于平面相对三个投影面的位置。根据平面与三个投影面位置的不同可将其分为三类：投影面垂直面、投影面平行面、一般位置平面。投影面垂直面和投影面平行面又称为特殊位置平面。

### 1. 投影面垂直面

垂直于某一投影面而与其余两个投影面均倾斜的平面称为投影面垂直面。其中，垂直于 $H$ 面的平面称为铅垂面；垂直于 $V$ 面的平面称为正垂面；垂直于 $W$ 面的平面称为侧垂面。它们的投影特性见表 2-3。

表 2-3　投影面垂直面的投影特性

| 名称 | 铅垂面($\perp H$) | 正垂面($\perp V$) | 侧垂面($\perp W$) |
|---|---|---|---|
| 实例 | | | |

（续）

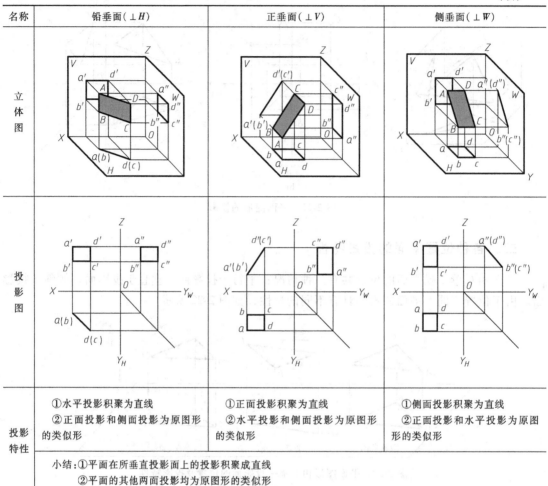

| 名称 | 铅垂面（⊥H） | 正垂面（⊥V） | 侧垂面（⊥W） |
|---|---|---|---|
| 投影特性 | ①水平投影积聚为直线<br>②正面投影和侧面投影为原图形的类似形 | ①正面投影积聚为直线<br>②水平投影和侧面投影为原图形的类似形 | ①侧面投影积聚为直线<br>②正面投影和水平投影为原图形的类似形 |
| | 小结：①平面在所垂直投影面上的投影积聚成直线<br>　　　②平面的其他两面投影均为原图形的类似形 | | |

## 2. 投影面平行面

平行于某一投影面从而垂直于其余两个投影面的平面称投影面平行面。其中，平行于 $H$ 面的平面称为水平面；平行于 $V$ 面的平面称为正平面；平行于 $W$ 面的平面称为侧平面。它们的投影特性见表 2-4。

表 2-4　投影面平行面的投影特性

| 名称 | 水平面（∥H） | 正平面（∥V） | 侧平面（∥W） |
|---|---|---|---|
| 实例 | | | |

（续）

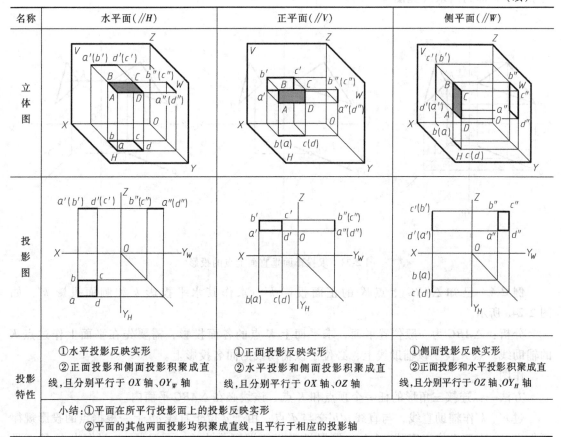

| 名称 | 水平面（//H） | 正平面（//V） | 侧平面（//W） |
|------|------------|------------|------------|
| 立体图 | | | |
| 投影图 | | | |
| 投影特性 | ①水平投影反映实形<br>②正面投影和侧面投影积聚成直线，且分别平行于 OX 轴、OYW 轴 | ①正面投影反映实形<br>②水平投影和侧面投影积聚成直线，且分别平行于 OX 轴、OZ 轴 | ①侧面投影反映实形<br>②正面投影和水平投影积聚成直线，且分别平行于 OZ 轴、OYH 轴 |
| | 小结：①平面在所平行投影面上的投影反映实形<br>②平面的其他两面投影均积聚成直线，且平行于相应的投影轴 | | |

### 3. 一般位置平面

与三个投影面均倾斜的平面称一般位置平面。

由于一般位置平面对三个投影面都倾斜（见图 2-21），一般位置平面的投影特性为，三面投影既不能积聚成直线，也不能反映实形，而是小于原平面图形的类似形。

## 三、平面上的直线和点

判断直线在给定的平面上，需要满足下列条件之一：

1）直线通过该平面上的两点。

2）直线通过该平面上一点，且平行于平面上的另一已知直线。

判断点位于平面上的条件是：点位于平面内的某条直线上。

例 2-3　已知铅垂面 $\triangle ABC$ 上点 $K$ 的侧面投影 $k''$，求作其水平投影 $k$ 和正面投影 $k'$，如图 2-23a 所示。

分析：已知 $\triangle ABC$ 为铅垂面，其水平投影 $abc$ 有积聚性，所以平面上的点 $K$ 的水平投影 $k$ 一定积聚在 $abc$ 线段上。

作图：如图 2-23b 所示，根据 $K$ 的水平投影必在直线 $abc$ 上，以及点的投影规律（$k$ 与已知投影 $k''$ 的 $Y$ 坐标相同），先作出其水平投影 $k$。

已知侧面投影 $k''$ 和水平投影 $k$，分别过两投影作 $OZ$ 轴和 $OX$ 轴的垂线，在正面投影上

交于 $k'$，$k'$ 即为所求（见图 2-23c）。

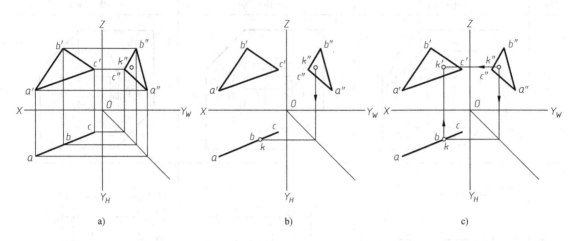

a)    b)    c)

图 2-23　求投影面垂直面上点的投影

**例 2-4**　已知 △$ABC$ 上点 $K$ 的正面投影 $k'$，求作其水平投影 $k$ 和侧面投影 $k''$，如图 2-24a 所示。

**分析：**△$ABC$ 为一般位置平面，求平面上 $K$ 点的各面投影，需要先在平面上作过点 $K$ 的辅助线。点 $K$ 位于该辅助线上，必位于该辅助线的同名投影上。

**作图：**

方法一：连接三角形的任一个顶点和 $K$ 点，该线必在 △$ABC$ 平面内。

过 $c'$、$k'$ 作辅助直线，与直线 $a'b'$ 交与 $d'$ 点；由于 $d$ 位于直线 $ab$ 上，根据点的投影规律可作出 $d$；由于 $k$ 位于直线 $cd$ 上，根据投影规律即可作出 $k$；再根据 $k$、$k'$ 作出点 $k''$（见图 2-24b）。

方法二：过 $K$ 作三角形任一边的平行线，该线必在 △$ABC$ 平面内。

过 $k'$ 作辅助直线 $e'f'$ 平行于直线 $a'b'$，$e'$、$f'$ 分别位于直线 $a'c'$、$b'c'$ 上；由于 $e$、$f$ 位于直线 $ac$、$bc$ 上，根据点的投影规律可作出 $e$、$f$；$k$ 位于直线 $ef$ 上，根据点投影规律又可作出 $k$；再根据 $k$、$k'$ 作出点 $k''$（见图 2-24c）。

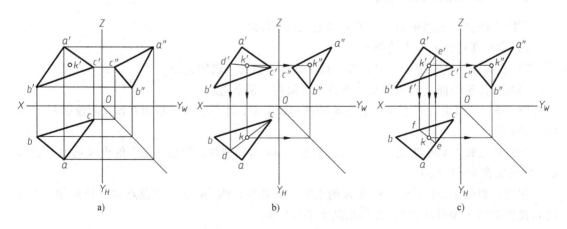

a)    b)    c)

图 2-24　求平面上点的投影

# 第三章

# 基本体的投影及表面交线

尽管机械零件的结构多种多样，但都可看成是由基本的几何体经过一定的方式加工组合而成的，基本的几何体简称为基本体。基本体可以分为两类，即平面立体和曲面立体。

表面完全由平面组成的立体称为平面立体，如棱柱、棱锥等；表面由曲面和平面组成或者完全由曲面组成的立体，称为曲面立体，最常见的曲面立体为回转体，如圆柱、圆锥、圆球等。

## 第一节　平面立体的投影及其表面上点的投影

平面立体的每个表面都是平面，由棱面和底面组成，各棱面的交线称为棱线。棱线相互平行的称为棱柱，如图 3-1a、b 所示。棱线相交于一顶点的称为棱锥，如图 3-1c 所示。

绘制复杂形体的视图时，不但要掌握基本体的投影特性，还需要确定其上关键点的投影，才能够顺利、准确画出其视图，因此熟练地掌握立体表面取点的基本方法也非常重要。

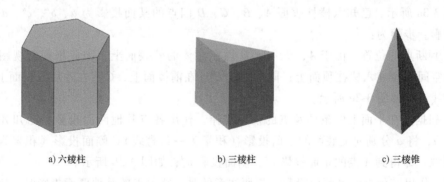

a) 六棱柱　　　　　　　　　b) 三棱柱　　　　　　　　　c) 三棱锥

图 3-1　平面立体

## 一、棱柱的投影及其表面上点的投影

### 1. 棱柱的三视图

为了便于绘图和读图，在绘制平面立体的三视图时，应尽可能地将它的一些棱面或棱线放置于与投影面平行或垂直的位置。如图 3-2a 所示正六棱柱，上下底面均为水平面、前后棱面为正平面、其余 4 个侧棱面为铅垂面（注意：图 3-2a 中，主视图的投射方向与坐标轴 $Y$ 平行，垂直于当前的 $V$ 面）。

绘图步骤：

1）画对称中心线及特征视图。六棱柱的两底面为水平面，在俯视图中反映实形。由于俯视图最能反映六棱柱的特征，因此为特征视图，如图 3-2b 所示。六棱柱前后两侧棱面是正平面，其余四个侧棱面是铅垂面，它们的水平投影都积聚成直线，与六边形的边重合。

2）按"三等"关系画出主视图和左视图。绘制的三面投影如图 3-2c 所示。

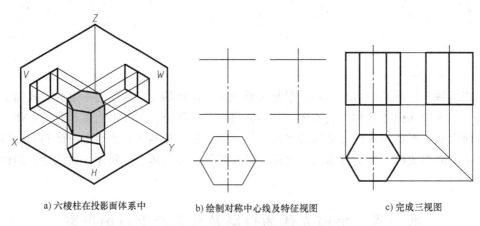

a) 六棱柱在投影面体系中　　b) 绘制对称中心线及特征视图　　c) 完成三视图

图 3-2　正六棱柱三视图的画法

## 2. 棱柱的表面取点

立体的表面取点，通常是已知立体表面上某点在一个面上的投影，求作另两面投影。

平面立体表面上取点的方法和平面上取点的方法相同，但需要先确定点所在的平面，再根据点的投影规律以及面上找点的方法作出另两面投影。

如图 3-3a 所示，已知六棱柱表面 $A$、$B$、$C$、$D$ 四点的某面投影为 $a$、$b'$、$c''$、$d'$，求作另两面投影。步骤为：

（1）判断点的位置　由于 $A$、$B$、$C$、$D$ 均在立体的外表面上，因此根据俯视图上 $a$ 可见，得知空间 $A$ 点在六棱柱顶面上；同理判断 $B$ 点在前棱面上，$C$ 点在左后方棱面上，$D$ 点在左侧棱线上，如图 3-3c 所示。

（2）根据点在平面上的条件及点的投影规律，作出各点其他两面投影　已知 $A$ 点的水平面投影 $a$，将 $a$ 分别向上底面的正面投影（积聚为一条直线）、侧面投影（积聚为一条直线）作引线，即得到 $A$ 点的正面投影 $a'$、侧面投影 $a''$，如图 3-3b 所示。

同理，作出其他点的另两面投影。需要注意的是，找 $c''$ 点的其他两面投影时，应先求出其水平投影，因为 $C$ 点所在的棱面在水平面上积聚为一条线，因此其水平投影 $c$ 也在该线上。最后由已知的两面投影 $c''$ 和 $c$，根据点的投影规律，再找到正面投影 $c'$，如图 3-3b 所示。

（3）判断点的可见性　若点所在平面的投影可见，点的投影也可见；若平面的投影积聚成直线，点的投影也为可见；若点所在的平面不可见，点的投影也不可见，此时点的投影应加括号表示，如图 3-3b 所示的（$c'$）。

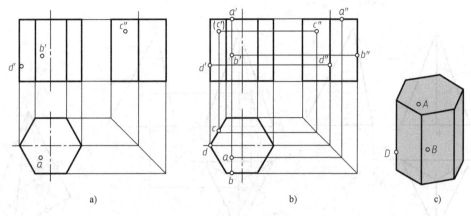

图 3-3 六棱柱的表面取点

## 二、棱锥的投影及其表面上点的投影

### 1. 棱锥的三视图

如图 3-4a 所示的正三棱锥，底面为等边三角形，放置与水平投影面平行，其余三个侧面为等腰三角形。（图 3-4a 中，主视图的投射方向与坐标轴 Y 平行，垂直于当前的 V 面）。

作图步骤：

（1）画特征视图　俯视图为特征视图。棱锥的底面为水平面，先画底面的水平面投影，如图 3-4b 所示。

（2）画出锥顶的各面投影　锥顶的水平投影落在底面三角形高的 1/3 处；将锥顶与底面各点的同面投影连接，即可完成三个侧面投影。三个侧面中，SAC 为侧垂面，其他两个为一般位置平面，如图 3-4c 所示。

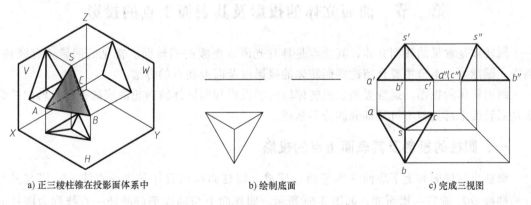

a) 正三棱柱锥在投影面体系中　　　b) 绘制底面　　　c) 完成三视图

图 3-4　正三棱锥三视图的画法

### 2. 棱锥的表面取点

如图 3-5a 所示，已知正三棱锥表面 M 点的正面投影为 $m'$，求作另两面投影。步骤为：

（1）判断点的位置　M 点在 SAB 面上，如图 3-5c 所示，该面为一般位置平面。

（2）作出 M 点其他两面投影　一般位置表面上的点可通过作辅助线的方法求得其投影。

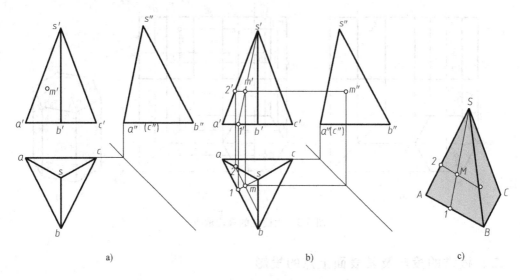

图 3-5　三棱锥的表面取点

方法一：过锥顶 $S$ 和点 $M$ 引一直线，交于底面 1 点，如图 3-5c 所示。作出 $S1$ 的正面投影和水平投影，根据点在直线上的特性求得 $M$ 点的水平投影 $m$。再根据 $M$ 点的两面投影求出侧面投影，如图 3-5b 所示。

方法二：过点 $M$ 作 $M2$ 线平行于底边 $AB$，如图 3-5c 所示。作出 $M2$ 的正面投影和水平投影，根据点在直线上的特性求得 $M$ 点的水平投影 $m$。再根据 $M$ 点的两面投影求出侧面投影，如图 3-5b 所示。

（3）判断点的可见性　由于点 $M$ 所属棱面 $\triangle SAB$ 在 $H$ 面和 $W$ 面上的投影是可见的，所以点 $m$ 和 $m''$ 也是可见的。

# 第二节　曲面立体的投影及其表面上点的投影

回转体是常见的曲面立体，其特点是具有光滑、连续的回转面。常见的回转体有圆柱、圆锥、圆球等，本节主要介绍这些回转体的投影以及面上找点的方法。

画回转体的视图，通常要画出回转体轴线的投影和回转体转向轮廓线的投影。转向轮廓线是回转面上可见与不可见部分的分界素线。

## 一、圆柱的投影及其表面上点的投影

圆柱由圆柱面和上下底面（水平面）围成，圆柱面可以看作是由一直线 $AA_1$ 绕与其平行的轴线 $OO_1$ 旋转一周而成，如图 3-6a 所示。圆柱面上与轴线平行的任一直线称为圆柱面的素线，圆柱面上的素线均与轴线平行。

### 1. 圆柱的三视图

（1）画对称中心线及特征视图　圆柱的上下底面为水平面，在俯视图中反映实形，为特征视图。先画其水平投影为一圆，再画其正面投影与侧面投影积聚为一直线，如图 3-6b 所示。

（2）画圆柱面　圆柱面由无数条与水平面垂直的素线组成。圆柱面的水平投影积聚为一个圆（积聚性）；正面投影只画最左、最右素线（是圆柱面前后可见与不可见部分的分界线）的投影，也称为正面投影的转向轮廓线；侧面投影只画最前、最后素线（是圆柱面左右部分的分界线）的投影，也称为侧面投影的转向轮廓线。完成后如图3-6c所示。

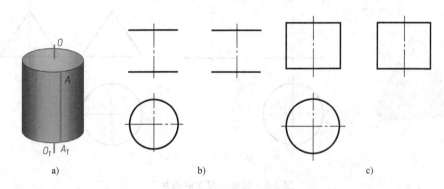

图 3-6　圆柱三视图的画法

## 2. 圆柱的表面取点

如图3-7a所示，已知圆柱表面A点的正面投影为a'，求作另两面投影。步骤为：

（1）判断点的位置　根据a'可见，判断A点在圆柱面左前方，如图3-7c所示。

（2）作出A点其他两面投影　利用圆柱面在水平投影面上的积聚性，先作出A点的水平投影a；再利用点的投影规律，求出A点的第三面投影a''，如图3-7b所示。

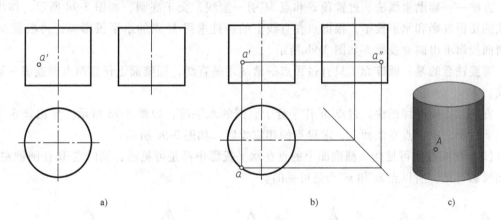

图 3-7　圆柱的表面取点

## 二、圆锥的投影及其表面上点的投影

圆锥是由圆锥面和底面组成的。圆锥面可看成是由直线SA绕与它相交的轴线$OO_1$旋转而成，如图3-8a所示。S称为锥顶，圆锥面上过锥顶的任一直线称为圆锥面的素线。

### 1. 圆锥的三视图

（1）画对称中心线及特征视图　圆锥底面为特征视图，先画其水平投影，反映实形为一个圆，正面投影与侧面投影积聚为一条直线，如图3-8b所示。

（2）画圆锥面　圆锥面正面投影只画最左、最右素线，是圆锥面前后部分的分界线的投影，也称为正面投影的转向轮廓线；侧面投影只画最前、最后素线，是圆锥面左右部分的分界线的投影，也称为侧面投影的转向轮廓线。完成后如图 3-8c 所示。

圆锥面的投影不具有积聚性。

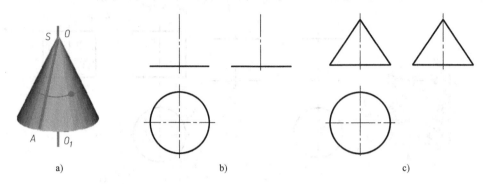

图 3-8　圆锥三视图的画法

### 2. 圆锥的表面取点

如图 3-9a 所示，已知圆锥表面 $M$ 点的正面投影为 $m'$，求作另两面投影。步骤为：

（1）判断点的位置　$M$ 点在圆锥面左前方，如图 3-9d 所示。

（2）作出 $M$ 点其他两面投影　由于圆锥表面的投影没有积聚性，可通过作辅助线的方法求得其他两面投影。

方法一：辅助素线法。过锥顶 $S$ 和点 $M$ 引一素线，交于底圆，如图 3-9d 所示。作出该素线的正面投影和水平投影，根据点在直线上的特性求得 $M$ 点的水平投影 $m$；再根据 $M$ 点的两面投影求出侧面投影，如图 3-9b 所示。

需要注意的是：圆锥面上只有过顶点的素线才是直线，圆锥面上任意两点的连线一般为曲线。

方法二：辅助纬圆法。过点 $M$ 作平行于底圆的水平圆，如图 3-9d 所示。作出该水平圆的三面投影，根据点在该圆上，求得点的相应投影，如图 3-9c 所示。

（3）判断点的可见性　圆锥面上的点在水平投影中都是可见的；同时点 $M$ 在圆锥左侧，侧面投影可见，所以点 $m$ 和 $m''$ 均是可见的。

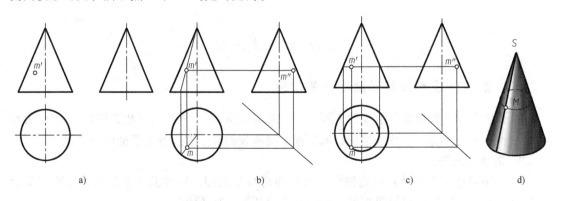

图 3-9　圆锥的表面取点

### 三、圆球的投影及其表面上点的投影

圆球是由球面围成的，圆球面可看作是由半圆绕其直径旋转一周而成，如图 3-10a 所示。

#### 1. 圆球的三视图

由于圆球从任意方向投影都是圆，所以，球在 $H$、$V$、$W$ 三个投影面上的投影分别是最大的水平圆、最大的正平圆和最大的侧平圆，如图 3-10b 所示。

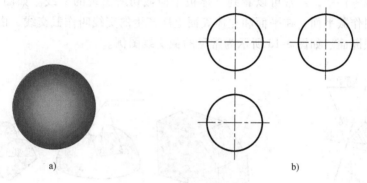

a)　　　　　　　　　　　　　　　　　　　　　　　b)

图 3-10　圆球三视图的画法

尽管球的三面投影分别为三个和圆球直径相等的圆，但所表示的意义却不同。主视图中的圆是前后部分的分界线的投影（最大正平圆），也称为正面投影的转向轮廓线，它的另两面投影都积聚成直线，并与中心线重合，不必画出；俯视图与左视图中的圆同理。

#### 2. 圆球的表面取点

圆球的投影没有积聚性，需要通过作辅助线的方法求圆球的表面取点。由于圆球表面没有直线，因此常通过辅助纬圆法进行表面取点。

如图 3-11a 所示，已知圆球表面 $K$ 点正面投影为 $k'$、$M$ 点的水平面投影为 $m$，求作另两面投影。步骤为：

（1）判断点的位置　$K$ 点位于中心线处，是特殊位置点，在圆球的最大水平圆上；$M$ 点在圆球的左、前、上方的位置，如图 3-11d 所示。

（2）求 $K$ 点其他两面投影　$K$ 点在最大的水平圆上，因此水平投影在圆周上，根据点的可见性可求出 $k$；再根据两面投影得到其侧面投影，如图 3-11b 所示。

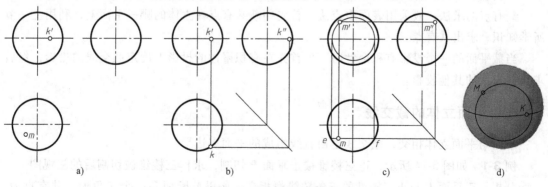

a)　　　　　　　　　b)　　　　　　　　　c)　　　　　　　　　d)

图 3-11　圆球的表面取点

（3）用辅助纬圆法求出 $M$ 点其他两面投影　如图 3-11d 所示，过 $M$ 点作一个正平圆，先作出正平圆的投影，根据点在正平圆上的特点求出 $M$ 的其他投影。具体作图过程为：①过 $m$ 作 $ef//ox$；②在 $V$ 面画直径等于 $ef$ 的辅助圆；③过 $m$ 作 $ox$ 轴的垂线，与辅助圆在 $V$ 面上的交点，即为 $m'$；④由 $m$ 和 $m'$，求出 $m''$，如图 3-11c 所示。

# 第三节　截　交　线

在实际机械零件中，经常可以看到立体被平面截切所出现的交线。如图 3-12 所示，截切立体的平面叫作截平面，在平面和立体表面上所产生的交线叫作截交线，由截交线所围的平面图形就是截断面。如图 3-13 所示为常见的截交线图例。

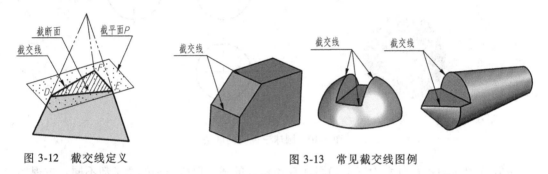

图 3-12　截交线定义　　　　　　　图 3-13　常见截交线图例

## 一、截交线性质

1）截交线是截平面与被截切立体的共有线，截交线上的点是截平面与被截立体表面共有的点。

2）截交线的形状由被截立体的形状以及截平面与被截立体的相对位置决定。

3）截交线是由直线或曲线围成的封闭的平面图形。

## 二、求截交线投影的方法

1）根据被截切立体的形状以及截平面的位置，判断截交线的形状。

2）求出截交线上一系列共有点的投影，根据点的可见性判断截交线投影的可见性。

3）依次顺序连接共有点，可见点用实线、不可见点用虚线，即可求出截交线投影。

共有点的求法一般采用表面取点法，首先判断共有点在立体的哪一个面上，利用上一节所学知识，求出共有点。

当截平面的一个投影有积聚性时，可首先在有积聚性的投影上确定截交线的投影，然后求出截交线的其他投影。

## 三、平面立体的截交线

平面与平面立体相交，截交线是由直线组成的平面多边形。

**例 3-1**　如图 3-14 所示，正三棱锥被正垂面 $P$ 切割，求作三棱锥被切割后的三视图。

分析：正垂面 $P$ 与正三棱锥的三条棱线都相交，所以截断面是一个三角形。共有点 $D$、

$E$ 和 $F$ 分别在棱线 $SA$、$SB$ 和 $SC$ 上，如图 3-14a 所示。由于正垂面 $P$ 在正投影面上的投影积聚成一条直线，所以在正面投影上可以利用积聚性求出 $D$、$E$ 和 $F$ 的三个投影 $d'$、$e'$ 和 $f'$。然后利用直线上点的投影特性，求出 $D$、$E$ 和 $F$ 的另外两个投影，顺序连接三个投影点即可求出截断线的投影。

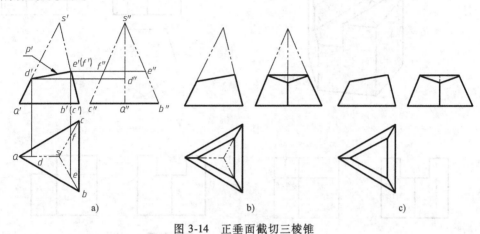

图 3-14　正垂面截切三棱锥

作图：

1）画出三棱锥的三视图以及截平面 $P$ 的正投影 $p'$。求出由 $s'a'$、$s'b'$、$s'c'$ 与平面 $p'$ 的交点 $d'$、$e'$ 和 $f'$，如图 3-14a 所示。

2）根据交点 $d'$、$e'$ 和 $f'$，分别求出水平投影 $d$、$e$、$f$ 和侧面投影 $d''$、$e''$、$f''$，如图 3-14a 所示。

3）顺序连接各交点的同面投影，即可求出截交线的三面投影。根据交点的可见性，判断截交线的所有边均为可见，如图 3-14b 所示。图中双点画线可擦除，完成后如图 3-14c 所示。

**例 3-2**　如图 3-15a 所示，在正五棱柱上切出一个通槽。面 $P$、$M$ 为侧平面，面 $Q$ 为水平面，已知面 $P$、$Q$ 和 $M$ 的正面投影，如图 3-15b 所示，求五棱柱切割后的三视图。

分析：面 $P$、$M$ 为侧平面，所以它们的主视图、俯视图积聚成一条直线，左视图反映实形（矩形）；面 $Q$ 为水平面，它的主视图和左视图积聚成一条直线，俯视图反映实形（五边形）。利用面的积聚性分别求出积聚性投影，利用反映实形的特性求出另外的投影。

作图：

1）利用面的积聚性，求出面 $P$、$M$ 在俯视图上的投影，求出面 $Q$ 在左视图上的投影，如图 3-15c 所示。

2）面 $Q$ 在俯视图上的投影反映实形，面 $P$、$M$ 在左视图上的投影反映实形，绘制这些面的投影时可找出几个特殊位置点 1、2、3、4 和 5 的投影，如图 3-15c 所示。

3）判断线段的可见性，擦去多余的线段，校核切割后图形的轮廓，注意左视图的开口位置在右上角，如图 3-15d 所示。

## 四、曲面立体的截交线

平面截切曲面立体时，截交线的形状取决于回转体表面的形状以及截平面与被截回转体

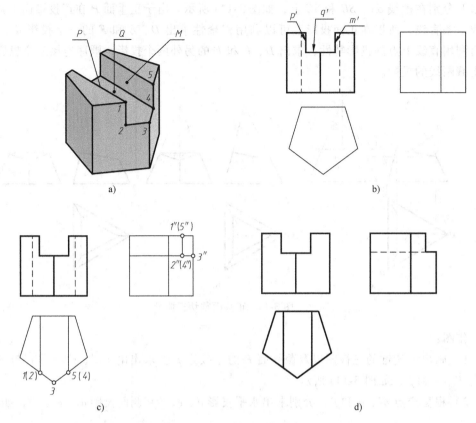

图 3-15　平面截切五棱柱

的相对位置。曲面立体的截交线可能是封闭的平面曲线，也可能是直线或者是平面曲线与直线组成的封闭平面图形。

当截交线为曲线时，作图的基本方法是：求出回转体表面上与截平面的若干交点，依次顺序光滑连接。特殊点是指截交线上的最高点与最低点、最左点与最右点、最前点与最后点、截交线投影可见部分与不可见部分的分界点等，这些点通常在回转体的转向轮廓线上。作图时，通常先求出截交线上的特殊点，再按照需要，求出一些中间点，最后顺序连接各点，并注意判断投影的可见性。

**1. 平面截切圆柱**

平面截切圆柱时，根据截平面相对于回转体轴线位置的不同，截交线有三种形状，即矩形、圆和椭圆，见表 3-1。

**例 3-3**　如图 3-16a 所示，圆柱中间被挖出一个槽，求圆柱的三视图。

分析：

圆柱开槽部分是由两个侧平面 $Q$、$M$ 和水平面 $P$ 截切而成。由表 3-1 可知，侧平面 $Q$、$M$ 与圆柱面的交线是矩形；水平面 $P$ 与圆柱面的交线是圆。

侧平面 $Q$、$M$ 在主视图、俯视图上的投影积聚成一条直线，在左视图上的投影反映实形。水平面 $P$ 在主视图和左视图上的投影积聚成一条直线，在俯视图上的投影反映实形。

表 3-1　圆柱的截交线

| 截平面位置 | 和轴线平行 | 和轴线垂直 | 和轴线相交 |
|---|---|---|---|
| 截交线 | 矩形 | 圆 | 椭圆 |
| 三维实体 | 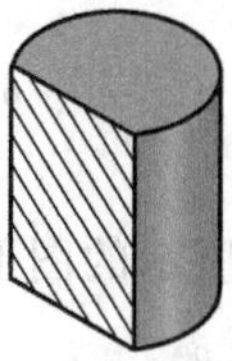 | 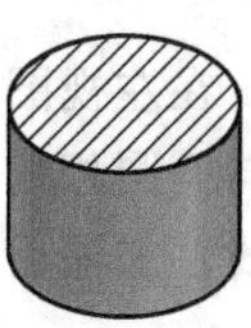 | 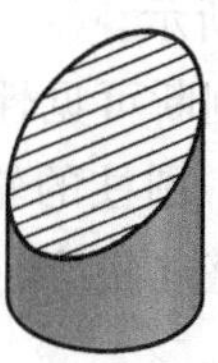 |
| 投影 | 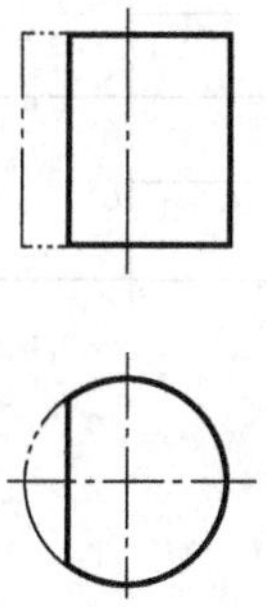 | 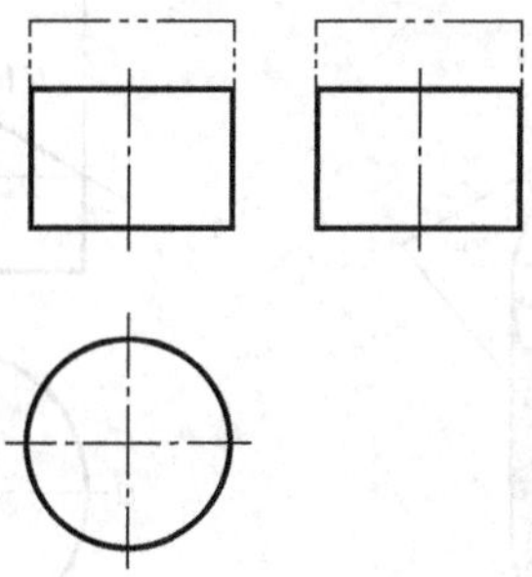 | 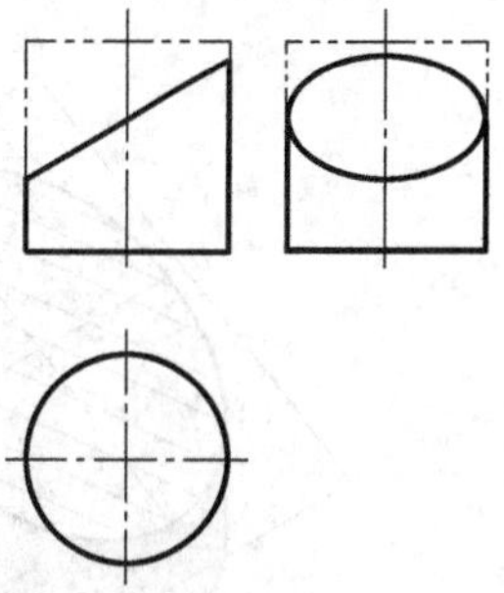 |

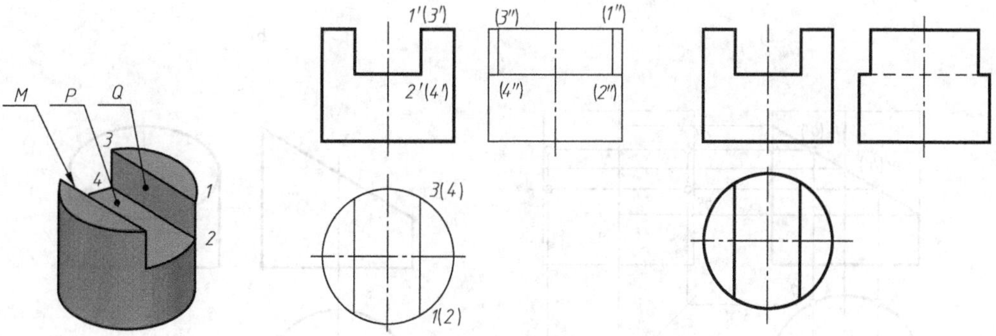

图 3-16　圆柱开槽

作图：

1）作出面 $P$、$M$、$Q$ 的三个投影。为了准确作出左视图 $Q$、$M$ 面的矩形投影，可先找到点 1、2、3、4 的投影，如图 3-16b 所示。在左视图上，$M$ 和 $Q$ 投影重合；需要注意的是，$P$ 面以上，前、后最外轮廓为 12 及 34 线，圆柱的前后轮廓线要删去。

2）判别可见性，擦去多余的线段，描深后得到如图 3-16c 所示的三视图。

**例 3-4**　如图 3-17a，圆柱体被正垂面 $P$ 斜切，求斜切后的三视图。

分析：由表 3-1 可知，正垂面斜切圆柱后，截交线为椭圆。其主视图的投影为直线，俯视图的投影为圆，左视图的投影为椭圆。

作图：

1）画出圆柱的三视图和截平面 $P$ 在主视图上的投影 $p'$，如图 3-17b 所示。

2）求特殊点。截交线椭圆的长短轴端点 $A$、$B$、$C$、$D$ 分别在圆柱的转向轮廓线上。分

别作出点 $A$、$B$、$C$、$D$ 在三视图上的投影，如图 3-17b 所示。

3）求中间点。在主视图上定出 $E$、$F$、$G$、$H$ 点的投影，向下作垂线，求出俯视图上的投影 $e$、$f$、$g$、$h$ 点，根据点的投影规律，作出左视图上的投影 $e''$、$f''$、$g''$、$h''$ 点，如图 3-17c 所示。

4）判断可见性，顺序光滑连接。在左视图上顺序光滑连接 $a''$、$e''$、$b''$、$f''$、$c''$、$g''$、$d''$、$h''$、$a''$ 点。圆柱的轮廓线在 $b''$、$d''$ 处与椭圆相切。

5）整理轮廓，擦除多余的轮廓线，加深后得到如图 3-17d 所示的图形。

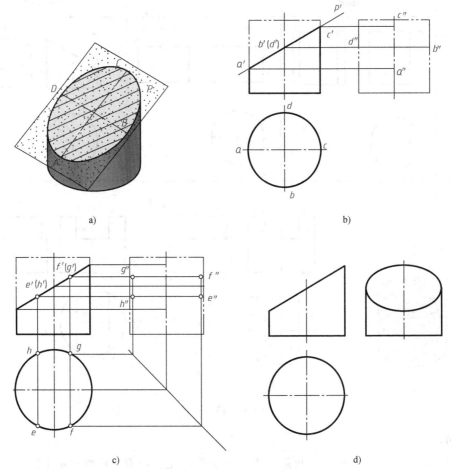

图 3-17　正垂面斜切圆柱

## 2. 平面截切圆锥

平面截切圆锥时，因截平面与圆锥轴线的相对位置不同，其截交线有五种情况，分别为圆、等腰三角形、椭圆、抛物线加直线段和双曲线加直线段，见表 3-2。

圆锥截交线的作图步骤与圆柱截交线的作图步骤相同，下面以例题说明。

**例 3-5**　如图 3-18a 所示，正圆锥被一正垂面截切，求截交线的投影。

**分析：**

由于截平面 $P$ 倾斜于圆锥的轴线，由表 3-2 可知，其截交线为一个椭圆。椭圆的长轴是截平面与圆锥前后对称面的交线，其端点在圆锥最左、最右的素线上。

表 3-2　圆锥的截交线

| 截平面位置 | 垂直于圆锥轴线 | 与圆锥所有素线相交 | 通过锥顶 | 平行于圆锥的两条素线 | 平行于圆锥任一条素线 |
|---|---|---|---|---|---|
| 截交线 | 圆 | 椭圆 | 等腰三角形 | 双曲线加直线段 | 抛物线加直线段 |
| 三维实体 | | | | | |
| 投影 | | | | | |

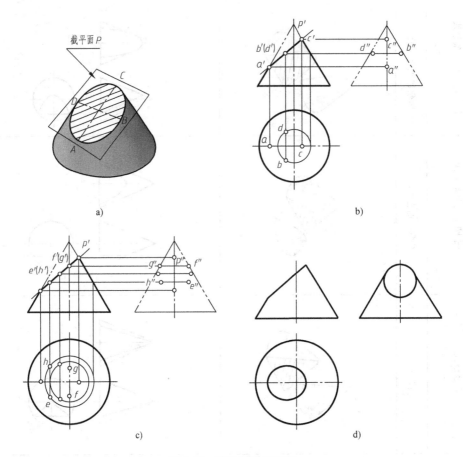

图 3-18　正垂面斜切圆锥

作图：

1）求特殊点：绘制圆锥的三视图以及截平面 $P$ 在主视图上的投影 $p'$，在主视图上求出椭圆长轴端点的投影 $a'$、$c'$，然后求出 $a$、$c$ 和 $a''$、$c''$，如图 3-18b 所示。

在主视图上，取 $a'$、$c'$ 的中点 $b'$ 和 $d'$，为椭圆正面投影的短轴端点，由于这两个点不在转向轮廓线上，因此利用纬圆法求出 $b$、$d$ 和 $b''$、$d''$，如图 3-18b 所示。

在正面投影中作出截交线与圆锥最前、最后素线的交点 $f'$、$g'$，根据点的投影规律先求出 $f''$、$g''$，再得到 $f$、$g$，如图 3-18c 所示。

2）求中间点：在主视图上取中间点 $e'$、$h'$，利用纬圆法，求出中间点 $E$、$H$ 的其他两个投影 $e$、$h$ 和 $e''$、$h''$。

以 $E$、$H$ 为例，复习纬圆法作图，步骤如下：

在圆锥面上过点 $E$ 及 $H$ 作平行于底圆的纬圆，则点 $E$ 及 $H$ 的另两投影必在纬圆的同面投影上。过点 $E$ 及 $H$ 的纬圆其主视图和左视图的投影为直线；俯视图的投影为圆。根据点的投影特性由 $e'$ 求出 $e$ 和 $e''$；同理，由 $h'$ 求出 $h$ 和 $h''$，如图 3-18c 所示。

3）判断可见性，依次顺序连接各点的同面投影。

4）整理轮廓线，擦去多余的轮廓线，加深后得到如图 3-18d 所示的三视图。

注意：左视图中 $b''$、$d''$ 是椭圆短轴端点，$f''$、$g''$ 是椭圆和圆锥轮廓线的切点。

### 3. 平面截切圆球

平面截切圆球时，截交线都是圆，见表 3-3。

当截平面平行于某投影面时，截交线在该投影面上反映实形（圆），其余两个投影积聚成直线段，线段的长度等于截交线圆的直径。

当截平面垂直于一个投影面而倾斜于其他投影面时，其截交线在该投影面上的投影积聚为一条直线段，而其他两个投影面上的投影为椭圆。

表 3-3　平面截切圆球

| 截平面位置 | 平行于投影面 H | 垂直于投影面 V |
| --- | --- | --- |
| 截交线 | 圆 | 圆 |
| 三维实体 | | |
| 投影 | | |

**例 3-6**　如图 3-19a 所示为半球中间截出一个槽，试根据主视图补全俯视图及左视图。

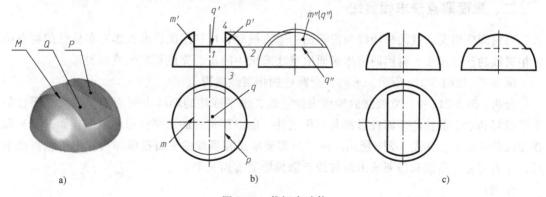

图 3-19　截切半球体

**分析：**半圆球被左右对称的两个侧平面和一个水平面截切，侧平面 M、P 在主视图和俯视图上的投影积聚成直线段，在左视图上的投影反映实形（圆的一部分）。水平面 Q 在主视图和左视图上的投影积聚成一条直线段，在俯视图上的投影反映实形（圆的一部分）。

**作图：**

1）绘制半圆球的三视图，在主视图上画出 P、Q、M 的三个积聚性投影 p'、q'、m'，在俯视图上画出 m、p 的投影，在左视图上画出 q"，如图 3-19b 所示。

2）在俯视图上画出 $Q$ 面的投影 $q$：半径为 12 点的圆的一部分；在左视图上画出 $M$、$P$ 面的投影 $m''$、$p''$：半径为 34 点的圆的一部分，如图 3-19b 所示。

3）判断可见性，并整理轮廓线，擦除多余的轮廓线，加深后如图 3-19c 所示。

# 第四节 相 贯 线

两回转体表面相交得到的交线称为相贯线，如图 3-20 所示。

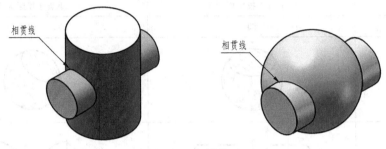

图 3-20 相贯线

## 一、相贯线的性质

（1）共有性 相贯线是两回转体表面的交线，也是两回转体表面的分界线，相贯线上的所有点是两回转体表面的共有点，相贯线是两回转体表面上一系列共有点的连线。

（2）封闭性 相贯线的形状由两相贯体的形状、大小和相对位置决定。一般情况下相贯线为闭合的空间曲线，特殊情况下也可以为不封闭平面曲线或直线。

## 二、表面取点法求相贯线

当两圆柱相交，且圆柱轴线为投影面的垂直线时，可利用圆柱面投影有积聚性的特点确定相贯线的已知投影，再用回转体表面取点法求出中间点，完成相贯线其他投影。

例 3-7 如图 3-21a 所示，求两正交圆柱的相贯线投影。

分析：图 3-21a 中，立圆柱的轴线为铅垂线，水平圆柱的轴线为侧垂线，因此立圆柱的水平投影和水平圆柱的侧面投影都具有积聚性，所以相贯线的水平投影和侧面投影分别积聚在相应的圆周上，如图 3-21b 所示。所以只需要求出相贯线的正面投影即可。由于相贯线前后、左右对称，所以只需要求出相贯线正面投影的前面一半。

作图：

1）求特殊点。取点 $A$、$B$、$C$、$D$ 分别在立圆柱的转向轮廓线上，同时也分别是相贯线的最左、最前、最右和最后点，找到点 $A$、$B$、$C$、$D$ 在水平投影面和侧投影面的投影，再求出其正面投影，如图 3-21b 所示。

2）求中间点。在侧面投影上取两个中间点 $E$、$F$ 的投影 $e''$、$f''$，利用表面取点法，先求出两点的水平投影，再求出它们的正面投影，如图 3-21c 所示。

3）依次光滑连接 $a'e'b'f'c'$，即可得到相贯线的正面投影，如图 3-21d 所示。

两圆柱的相交不仅有上例中所示的两实体圆柱相交，还有实体圆柱与圆柱孔相交、圆柱

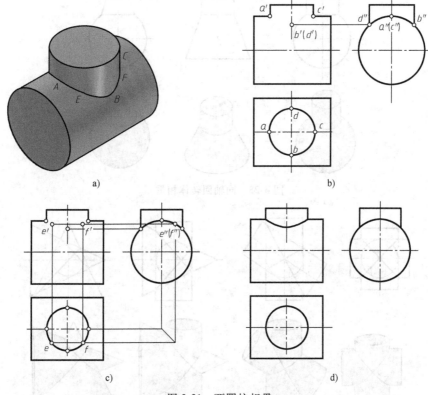

图 3-21　两圆柱相贯

孔与圆柱孔相交，如图 3-22 所示。其相贯线的作图方法与例 3-7 中两实体圆柱相交相同。

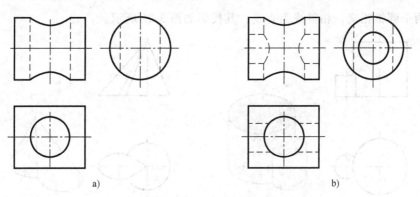

图 3-22　圆柱与圆柱孔相贯

## 三、相贯线的特殊情况

（1）相贯线为圆　两个同轴回转体相交时，相贯线为垂直于轴线的圆。相贯线在平行于轴线的投影面上的投影为直线，如图 3-23 所示。

（2）相贯线为平面椭圆　当轴线相交的两回转体公切于一个球面时，相贯线为两个相交的椭圆。由于相贯线与平行于轴线的投影面垂直，投影积聚为直线，如图 3-24 所示。

（3）相贯线为直线　轴线平行的两圆柱相交，相贯线在柱面上的部分为直线。拥有公

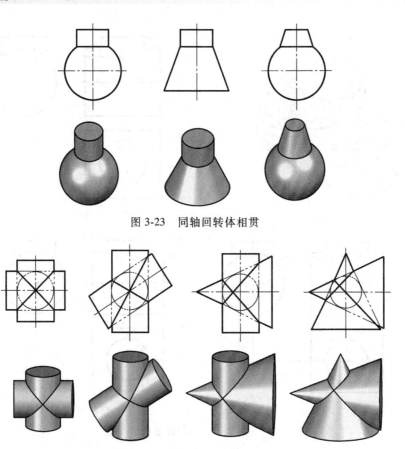

图 3-23 同轴回转体相贯

图 3-24 两回转体公切于球

共顶点的两个圆锥相交,相贯线为直线,其投影如图 3-25 所示。

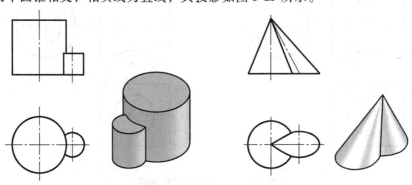

a) 轴线平行的两圆柱相交          b) 拥有公共顶点的两个圆锥相交

图 3-25 圆柱轴线平行或圆锥共顶点

## 四、相贯线的简化画法

使用表面取点法和辅助平面法求解相贯线比较烦琐,因此国家标准规定可以用圆弧或直线来近似代替相贯线。

用圆弧简化画法的条件是:两圆柱正交,且直径差别比较大。相贯线的近似画法如图 3-26a

所示：以两圆柱转向轮廓线的交点作为圆心 $O_1$，大圆柱的半径 $R$ 作为半径画弧，和小圆柱的轴线相交于点 $O_2$，$O_2$ 即为要找的圆心。以 $O_2$ 为圆心、$R$ 为半径绘制一段圆弧代替相贯线的投影。对比图 3-26a 和图 3-26b 可知，近似圆弧作的相贯线与真实相贯线的投影非常相近。

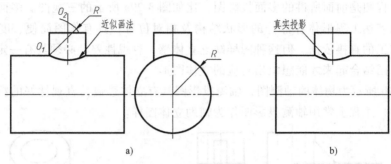

图 3-26 相贯线的近似画法

当两圆柱的轴线垂直偏交且平行于某一投影面时，非圆曲线的相贯线可以简化为直线，如图 3-27 所示是用直线代替相贯线的简化画法。

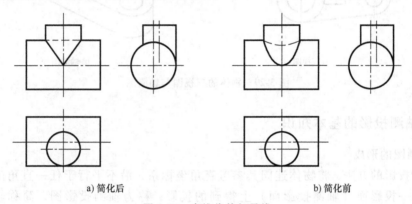

a) 简化后          b) 简化前

图 3-27 直线代替相贯线

此外，相贯线还可以采用模糊画法。由于大多数情况下的相贯线是零件加工后自然形成的交线，所以，零件图上的相贯线实质上只起示意的作用，在不影响加工的情况下，还可以采用模糊画法表示相贯线。如图 3-28 为相贯线的模糊画法。

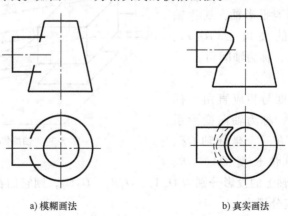

a) 模糊画法          b) 真实画法

图 3-28 相贯线的模糊画法

# 第五节　几何体的轴测图

常用的工程图是前面所讲的多面投影图，比如图 3-29a 所示的三视图。多面投影图能够完整、准确地表达工程形体各部分的形状结构及相对位置，具有作图简便、度量性好等优点，是工程加工的直接依据。但这种图样缺乏立体感，直观性差，必须具有一定读图能力的人将几个投影图结合起来才能想象出对应的立体图形。

如图 3-29b 所示为物体的轴测图，轴测投影图具有立体感强，直观性好的特点，为了帮助阅读工程图，工程上常用轴测投影图作为辅助立体图样。

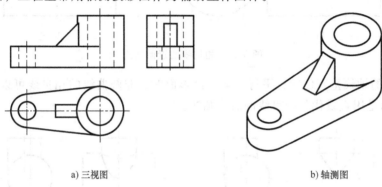

a) 三视图　　　　　　　　　　　b) 轴测图

图 3-29　物体的三视图与轴测图

## 一、轴测投影的基本知识

### 1. 轴测图的形成

用平行投影的方法，将物体连同其参考直角坐标系，沿不平行于任一直角坐标面的方向，在某单一投影面（轴测投影面）上得到的投影，称为轴测投影图，简称轴测图，如图 3-30 所示。

### 2. 轴间角

直角坐标系的三个坐标轴 $OX$、$OY$、$OZ$ 在轴测投影面上的投影分别为 $O_1X_1$、$O_1Y_1$、$O_1Z_1$，称为轴测投影轴，简称轴测轴。轴测轴之间的夹角 $\angle X_1O_1Y_1$、$\angle X_1O_1Z_1$、$\angle Y_1O_1Z_1$，称为轴间角。

### 3. 轴向变形系数

轴测轴的单位长度与相应直角坐标轴的单位长度的比值，称为轴向变形系数。如图 3-30 所示，在三个坐标轴 $OX$、$OY$、$OZ$ 上分别取单位长度 $OA$、$OB$、

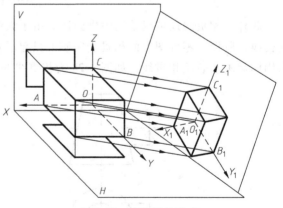

图 3-30　轴测图的形成

$OC$，它们在相应轴测轴上的投影分别为 $O_1A_1$、$O_1B_1$、$O_1C_1$，则它们在 $X$ 轴、$Y$ 轴、$Z$ 轴上的变形系数 $p$、$q$、$r$ 应分别为

$$p = O_1A_1/OA \qquad q = O_1B_1/OB \qquad r = O_1C_1/OC$$

### 4. 轴测投影的特性

由于轴测投影属于平行投影，因此它具有平行投影的特性。

（1）平行性 物体上相互平行的线段，在轴测投影中仍互相平行；平行于直角坐标轴的线段，其轴测投影平行于轴测轴；同一轴向所有线段的轴向变形系数相同。

（2）轴向测量性 在画轴测图时，物体上与直角坐标轴平行的线段，都可以沿轴向测量长度，乘以相应的轴向变形系数，将所得到的长度画在沿相应轴测轴测量的图中，故这种沿轴向测量而作出的图形，就称为"轴测图"。

### 5. 常用轴测图的种类

工程上常用的轴测图有正等轴测图和斜二等轴测图两类。

## 二、正等轴测图

当物体上的三个坐标轴 $OX$、$OY$、$OZ$ 与轴测投影面的夹角相等时，用正投影法在轴测面上的投影，称为正等轴测投影图，简称正等轴测图。

正等轴测图的 $OZ$ 轴常置于铅垂位置，轴间角均为 $120°$，轴向变形系数 $\approx 0.82$，常把轴向变形系数简化为 $p=q=r=1$，如图 3-31 所示。

作轴测图时应注意：

1）一般先画物体的上面、前面、左面。

2）为了使轴测图清晰可见，不可见轮廓线一般不画。

3）画每一部分前，应准确定出基准面、其上的基准点。

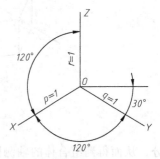

图 3-31 正等轴测图的
轴间角和轴向变形系数

### 1. 坐标法绘制轴测图

**例 3-8** 已知如图 3-32a 所示正六棱柱，试画出其正等轴测图。

作图：

1）确定基准面、基准点，并建立轴测坐标系。图 3-32a 中，确定六棱柱的上表面为基准面，对称中心点 $o$ 为基准点。并建立轴测坐标系的原点 $O$，建立轴测坐标系如图 3-32b 所示。

2）画六棱柱的上表面。以 $O$ 为中心沿 $X_1$ 轴上对称量取 $OF=of$，$OC=oc$；沿 $Y_1$ 轴对称量取 $OM=om$，$ON=on$，得 $C$、$F$、$M$、$N$ 点，过 $M$、$N$ 点分别作 $X_1$ 轴的平行线，在其上对称量取 $AM=am$，$BM=bm$，得 $A$、$B$ 点，同样得 $E$、$D$ 点，如图 3-32c 所示。

依次连接 $A$、$B$、$C$、$D$、$E$、$F$ 六点，即得到上表面的六边形，如 3-32c 所示。

3）画六棱柱的可见侧棱面。过点 $A$、$F$、$E$、$D$ 分别作 $Z_1$ 轴的平行线，线的高度与图 3-32a 的主视图中的高度相同，得到 $A'$、$F'$、$E'$、$D'$ 四点，连接 $AA'$、$FF'$、$EE'$、$DD'$ 得到可见棱线（称为"平行移心法"，即将上表面的若干点，等距离地平行移到下表面，从而画出下表面的方法）。连接 $A'$、$F'$、$E'$、$D'$ 四点即得六棱柱的可见棱面，如图 3-32d 所示。

4）检查描深。检查、整理，将可见轮廓线加深，得到六棱柱的轴测图，如图 3-32e 所示。

### 2. 切割法绘制轴测图

对切割型组合体，可将切割前的轴测图先绘制出来，然后结合坐标法逐步画出被切部

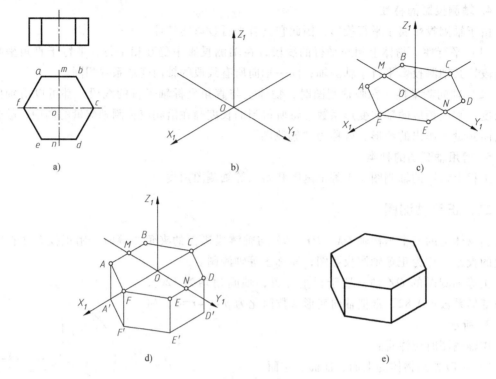

图 3-32　正六棱柱正等轴测图的画法

分，从而得到组合体的轴测图。

**例 3-9**　画出如图 3-33a 所示切割体的正等轴测图（图 3-33b 为其三视图）。

分析：组合体由基本体（正四棱柱），在前边切割一个斜块（三棱柱），从上方中间切割一个竖槽而形成。

作图：

1）画未切割前的基本体。确定上顶面为基准面，右、后顶点为基准点建立轴测坐标系，并根据平行于直角坐标轴的线段其轴测投影平行于轴测轴，且尺寸相等，绘制出未被切割的基本体，如图 3-33c 所示。

2）切割上、前方三棱柱。轴测图中的尺寸在三视图中的左视图量取，如图 3-33d 所示。

3）切割上方、中间竖槽。尺寸在三视图中的主视图量取，如图 3-33e 所示。

4）检查描深。擦去多余的线条，将可见轮廓线加深，得到组合体轴测图，如图 3-33f 所示。

**3. 圆柱正等轴测图的画法**

绘制圆柱的轴测图应分为两步：先画圆柱可见圆的正等测投影，再画圆柱面和另一不可见圆。

（1）圆的正等轴测投影　平行于坐标平面的圆，由于与轴测面倾斜，因而其轴测投影为椭圆。在不同的坐标平面上椭圆长短轴的方位是不同的，如图 3-34 所示为三个不同坐标平面上圆的正等轴测图，分别为水平面圆、正平面圆、侧平面圆，其正等轴测投影均为椭圆。其椭圆的画法完全相同，常采用四段圆弧连接的近似画法（四心法）。

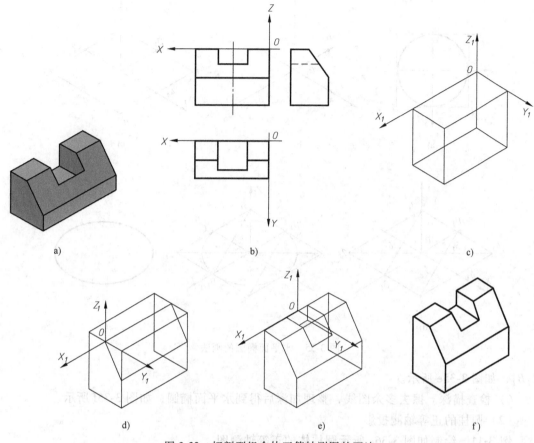

图 3-33 切割型组合体正等轴测图的画法

**例 3-10** 如图 3-35a 所示为水平圆（$XOY$ 面），绘制其轴测图。

作图：

1）确定水平面圆上半径点。以圆心 $O$ 为坐标原点，建立直角坐标系。画圆的外切正方形 1234，与圆相切的四点 $a$、$b$、$c$、$d$ 为半径点，如图 3-35a 所示。

2）确定轴测轴上半径点。取圆心 $O$ 为基准点建立轴测坐标系 $X_1O_1Y_1$，在轴测轴上分别量取圆的半径，得四点 $A_1$、$B_1$、$C_1$、$D_1$，如图 3-35b 所示。

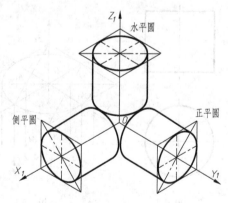

图 3-34 圆的正等轴测投影

3）作菱形。过 $A_1$、$B_1$、$C_1$、$D_1$ 四点分别作 $O_1X_1$、$O_1Y_1$ 的平行线，得到菱形 $1_12_13_14_1$，如图 3-35c 所示。

4）确定四圆心。菱形上 $1_1$、$3_1$ 点就是椭画长弧的圆心；连接菱形长对角线 $2_14_1$，连接 $1_1D_1$、$3_1B_1$（或 $1_1C_1$、$3_1A_1$）与长对角线交于 $5_1$、$6_1$ 两点，即为画短弧的圆心，如图 3-35d 所示。

5）画长短弧。分别以 $1_1$、$3_1$ 为圆心，以 $1_1D_1$（或 $1_1C_1$）为半径画长弧 $A_1B_1$ 和 $C_1D_1$；分别以 $5_1$、$6_1$ 为圆心，以 $5_1A_1$（或 $5_1D_1$）、$6_1B_1$（或 $6_1C_1$）为半径画短弧 $A_1D_1$ 和

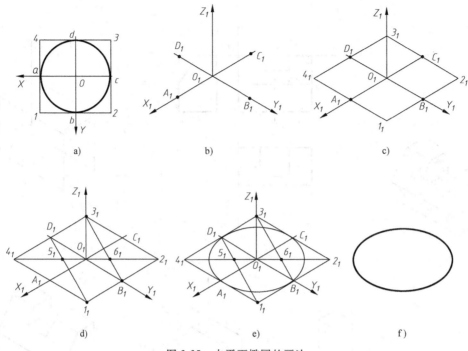

图 3-35　水平面椭圆的画法

$C_1B_1$，如图 3-35e 所示。

6）检查描深。擦去多余图线，整理加深后得到水平面椭圆，如图 3-35f 所示。

（2）圆柱的正等轴测投影

例 3-11　绘制如图 3-36a 所示圆柱体的正等轴测图。

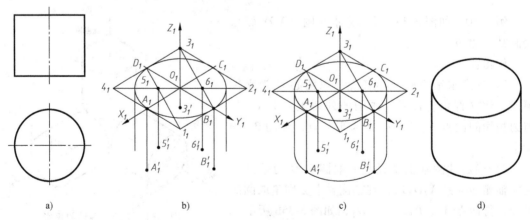

图 3-36　平行移心法画圆柱面和底面

作图：

1）绘制圆柱的上顶面。圆柱上顶面绘制步骤与例 3-10 类似。

2）定位下底面圆心并画出左右可见轮廓线。将上顶面长弧圆心 $3_1$、短弧圆心 $5_1$、$6_1$、长短弧交点 $A_1$、$B_1$ 平行向下移动圆柱高度，得到下底面的三个圆心及长短弧的交点。圆柱面画出左、右可见轮廓线即可。如图 3-36b 所示。

3）画底面可见的半个椭圆。分别以下底面圆心 $3'_1$、$5'_1$、$6'_1$画长弧及短弧交于 $A'_1$、$B'_1$ 点及左右轮廓线，如图 3-36c 所示。

4）擦去多余图线，并加深可见轮廓线得到完整圆柱体，如图 3-36d 所示。

**4. 圆角的简便画法**

**例 3-12**　绘制如图 3-37a 所示带圆角的四棱柱的正等轴测图。

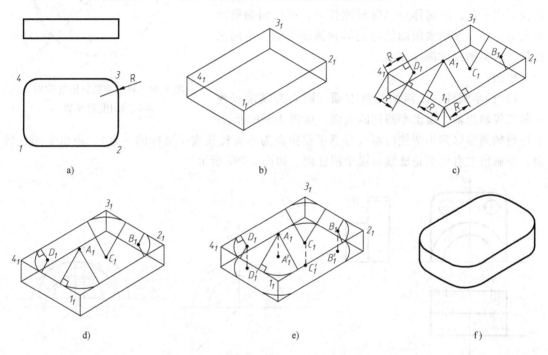

a)　　　　　　　　　b)　　　　　　　　　c)

d)　　　　　　　　　e)　　　　　　　　　f)

图 3-37　带圆角四棱柱的正等轴测图的画法

作图：

1）先画出直角四棱柱，其上表面四角点为 $1_1$、$2_1$、$3_1$、$4_1$，如图 3-37b 所示。

2）以 $1_1$、$2_1$、$3_1$、$4_1$ 为起点分别量取圆角半径的长度 R，获得八个点，分别过八个点作所在边的垂线，得到四个交点 $A_1$、$B_1$、$C_1$、$D_1$，即为四个圆角的圆心，如图 3-37c 所示。

3）分别以 $A_1$、$B_1$、$C_1$、$D_1$ 四点为圆心，以圆心到各自垂足的距离为半径画圆弧，即得四圆角，如图 3-37d 所示。

4）将 $A_1$、$B_1$、$C_1$、$D_1$ 四圆心向下平移棱柱的高度，作出下底面的四段圆弧，如图 3-37e 所示。

5）将 $2_1$、$4_1$ 处的上下圆弧用公切线相连，擦去多余图线并加深，得到带圆角的四棱柱的正等轴测图，如图 3-37f 所示。

## 三、斜二等轴测图

当物体上的 XOZ 坐标平面与轴测投影面平行，而投射方向与轴测投影面倾斜时，所得到的轴测图就是斜二等轴测图，简称斜二测图。其轴间角 $\angle X_1O_1Z_1 = 90°$，$\angle X_1O_1Y_1 = \angle Y_1O_1Z_1 = 135°$，轴向变形系数 $p = r = 1$，取 $q = 0.5$，如图 3-38 所示。

由于 $XOZ$ 坐标平面与轴测投影面平行，故此面的投影反映物体实形，因而斜二等轴测图多用于该方向有圆或形状复杂的物体投影。

**例 3-13** 绘制如图 3-39a 所示组合体的斜二等轴测图。

**分析：** 组合体由半圆筒和竖板组成，其上的圆都与正投影面平行，故选择斜二等轴测投影，所得到的圆反映实形。斜二等轴测图画法与正等轴测图类似，不同之处是 $Y$ 方向的尺寸减半画出。

**作图：**

1）画半圆柱。以前面为基准面、圆心为基准点建立斜二等轴测轴，画出半圆柱的前面，如图 3-39b 所示；

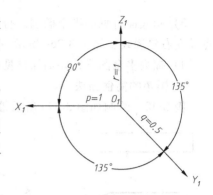

图 3-38　斜二等轴测图的轴间角和轴向变形系数

平行将轴测轴移到半圆柱后面（注意平移距离为半圆柱长度 $y$ 坐标的一半），画出半圆柱后面，并画出左右可见轮廓线形成半圆柱面，如图 3-39c 所示。

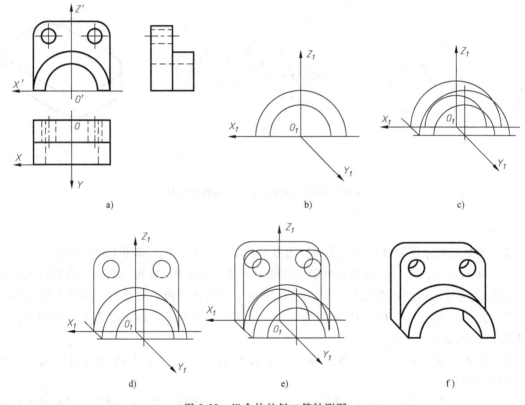

a)　　　　　　　　　　b)　　　　　　　　　　c)

d)　　　　　　　　　　e)　　　　　　　　　　f)

图 3-39　组合体的斜二等轴测图

2）画竖板。以竖板前面（也是半圆柱后面）为基准面、下边中点（也是半圆柱圆心）为基准点建立轴测轴画竖板前面，如图 3-39d 所示；平行将轴测轴移到竖板后面并画出其图形，注意竖板左右侧面与半圆柱左右轮廓线是相切关系，如图 3-39e 所示。

3）检查描深，擦去多余图线并加深可见轮廓线，得到组合体斜二等轴测图，如图 3-39f 所示。

# 第四章

# 组合体视图

由两个或两个以上的基本体（棱柱、棱锥、圆柱、圆锥、球等）组合构成的形体称之为组合体。大多数物体，都可以看作是由若干个基本体经过叠加与切割的方式组合而成的。

本章将重点介绍组合体视图的画法、尺寸标注以及组合体的读图方法。

## 第一节　组合体分析

### 一、组合体的组合形式

组合体的组合方式可分为叠加型和切割型两种。叠加型组合体是由若干基本体叠加而成，如图 4-1a 所示的简化螺栓是由六棱柱和圆柱叠加而成。切割型组合体可以看作由基本体经过多次切割后组合而成，如图 4-1b 所示的简化螺母是在六棱柱上切除一个圆柱而形成。

复杂的组合体通常同时包含叠加和切割两种组合形式，如图 4-2 所示的轴承座。

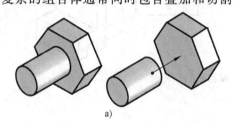

a)　　　　　　　　　　　　　　　b)

图 4-1　叠加与切割

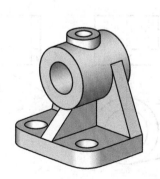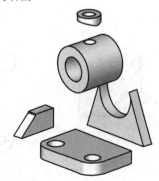

图 4-2　轴承座

65

## 二、组合体上相邻两形体的连接关系

基本体组合在一起之后，必须正确表示各基本体之间的表面连接关系，其表面连接关系可分为共面、不共面、相切和相交四种情况。

### 1. 共面与不共面

当相邻两形体表面共面时，在连接处不能画分界线，如图 4-3 所示，主视图上下两部分连接处不应画交线；如图 4-4 所示，俯视图前后两部分连接处不应画分界线。

但当相邻两形体表面不共面时，在连接处需要画出交线。如图 4-5 所示为相邻两形体表面共面与不共面的对比。

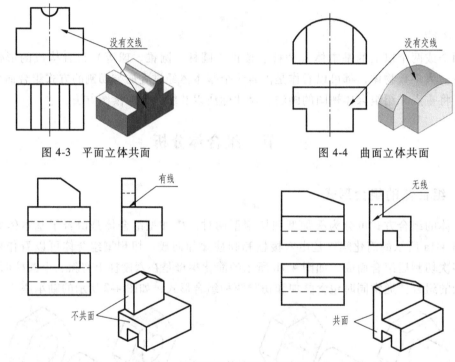

图 4-3　平面立体共面　　　　　　　　　图 4-4　曲面立体共面

图 4-5　相邻两形体共面与不共面对比

### 2. 相切

当两形体相邻表面相切时，由于相切是光滑过渡，所以相切投影处不应画线，如图 4-6 所示。

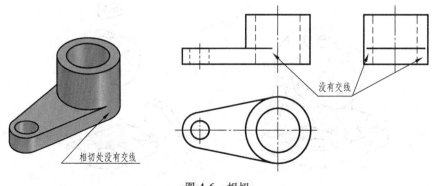

图 4-6　相切

　　当两圆柱面相切时,如果圆柱面的公切面倾斜或平行于投影面,在投影面上不画两圆柱面切线的投影,如图 4-7a 所示;但当两圆柱面相切,圆柱面的公切面垂直于投影面时,在投影面上必须画出两圆柱面切线的投影,如图 4-7b 所示。

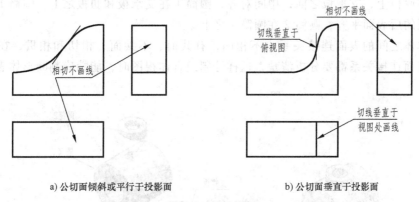

a) 公切面倾斜或平行于投影面　　　　　　　　b) 公切面垂直于投影面

图 4-7　相切特例

## 3. 相交

当两个形体的表面相交时,必须画出交线的投影,如图 4-8 所示。

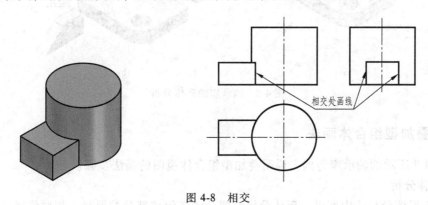

图 4-8　相交

# 第二节　画组合体视图

　　画图和读图是本课程的两个重点内容,画图是根据投影规律将空间物体表达在平面图纸上,而读图是根据投影特点由平面视图想象出物体的空间形状和结构。画图和读图时,要先分析物体的结构和组成。

## 一、形体分析法

　　绘制和看懂组合体视图的过程中,假想把组合体分解成若干简单体,分析各简单体的形状、相对位置、组合形式和各简单体表面之间的连接形式,这种分析组合体的方法称为形体分析法。形体分析法是画组合体视图的基本方法,尤其是对叠加型组合体非常有效。

　　如图 4-9 所示的轴承座,可分解为底座、支承板、肋板、圆筒 1 和圆筒 2 五个简单体,整个形体是用叠加的方式组合而成的,但各简单体中也有切割。如底座可以看作是一个基本体四棱柱在前面倒了两个圆角，然后又打了两个孔。因此，整个轴承座在形成过程中同时采用了叠加和切割两种组合方式。

从图中可看出组合过程中各简单体之间的相对位置关系是支承板在底座之上，从后面对齐；肋板在底板上，支承板之前，中间对齐；圆筒1在支承板和肋板之上，圆筒1的后表面不与支承板的后表面平齐；圆筒2在圆筒1之上。

各简单体之间的表面连接关系也不相同，有共面、不共面、相切和相贯，在形体分析时，这些表面连接关系都要分析清楚，这样绘制组合体视图时，能精确判断形体表面之间的交线情况。

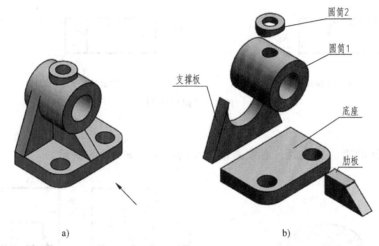

a)          b)

图 4-9　轴承座的形体分析

## 二、叠加型组合体画法

以图 4-9 所示的轴承座为例，说明叠加型组合体视图的画法步骤。

### 1. 形体分析

如前面形体分析法中所讲，形体分析时要分清各组成部分的形状、相对位置、组合形式和各简单体表面之间的连接形式。

### 2. 视图选择

为清晰表达组合体的结构形状，必须选择一组合适的视图。重点是选择主视图的投射方向和视图的数量，主视图的选择原则如下。

1）最能反映物体的结构特征和形状。

2）符合物体的自然安装位置。

3）尽量减少其他视图的虚线，视图布局合理。

如图 4-9a 所示轴承座的主视图的投射方向选择图 4-9a 中箭头所指方向，配合俯视图、左视图进行表达。

### 3. 选择比例、布置视图

开始绘制图形之前，应按照 GB 的规定选择合适的图幅，根据图幅和物体大小，选择合适的比例绘制视图，优先选择反映真实大小的 1∶1 比例。

视图应布置均匀，视图之间、视图与图框之间位置要合适，以便标注尺寸和技术要求。

**4. 绘制底稿**

按照相对位置和表面连接关系分别绘制基本体的三视图，绘制时应注意：

1）先绘制主要部分，然后绘制次要部分。

2）绘制各形体投影时，应从反映实形的视图入手，三个视图同时画。

3）保持各形体之间的相对位置关系和表面连接关系，如圆筒 1 与支承板相切，圆筒 2 和圆筒 1 垂直相交出现相贯线等。

绘制底稿过程如图 4-10a～e 所示。

**5. 检查、改错，描深图线，完成视图**

检查全图，重点检查各形体的相对位置、表面连接和线段可见性，擦除多余的线条，按照 GB 规定的线型与线宽描深图形。最终结果如图 4-10f 所示。

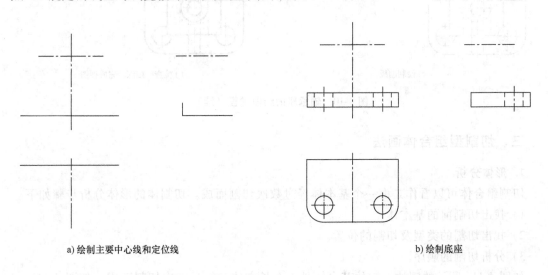

a) 绘制主要中心线和定位线　　　　　　　　　　　b) 绘制底座

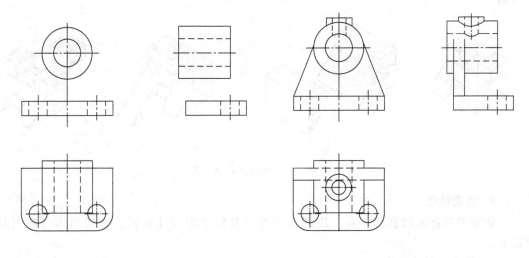

c) 绘制圆筒1　　　　　　　　　　　　　d) 绘制支承板和圆筒2

图 4-10　轴承座的绘图过程

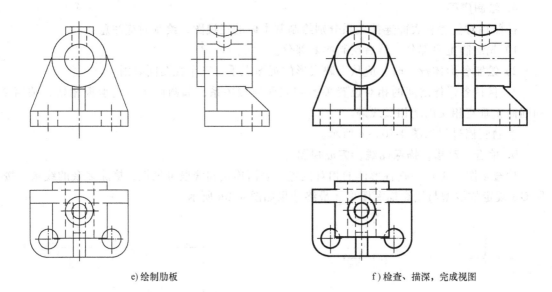

e) 绘制肋板                              f) 检查、描深，完成视图

图 4-10   轴承座的绘图过程（续）

## 三、切割型组合体画法

### 1. 形体分析

切割组合体可以看作是由一个基本体经过数次切割而成。切割体的形体分析步骤如下。

1）找出切割前的基本体。

2）找出切割的类型及切割的位置。

3）分析切割的顺序。

如图 4-11a 所示的镶块。它的基本体是一个长方体，经过三次切割而成，如图 4-11b ~ d 所示。

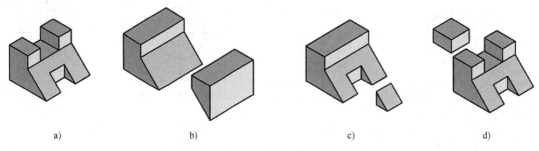

a)                    b)                    c)                    d)

图 4-11   镶块的形体分析

### 2. 绘图过程

切割型组合体的视图选择、比例选择等与叠加型组合体相同，画切割体三视图时应注意：

1）首先绘制基本体。

2）绘制切口时，先从具有积聚性投影的视图开始，再按照投影关系求出其他投影。

3）根据面投影的相似性检查投影是否正确。

图 4-11a 所示的镶块的绘图过程如图 4-12 所示。

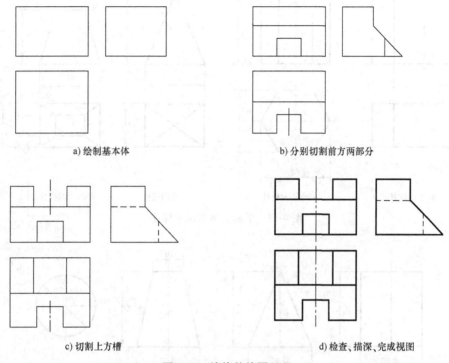

a) 绘制基本体　　　　　　　　　　　　b) 分别切割前方两部分

c) 切割上方槽　　　　　　　　　　　　d) 检查、描深、完成视图

图 4-12　镶块的绘图过程

# 第三节　组合体的尺寸标注

## 一、尺寸标注的要求

尺寸决定组合体的形状大小、相对位置。尺寸标注的基本要求如下。

（1）正确　尺寸标注正确无误，符合国家制图标准中关于尺寸标注的规定。

（2）完整　尺寸齐全，不遗漏、不重复。

（3）清晰　尺寸注写布局整齐、清楚，便于读图。

（4）合理　标注的尺寸符合设计、制造、安装和检验的要求。

## 二、基本体的尺寸标注

基本体尺寸的标注是组合体尺寸标注的基础。基本体应根据其具体形状进行标注，包括长、宽、高三个方向，如图 4-13 所示为常见平面立体的尺寸标注。

回转体的尺寸标注如图 4-14 所示。注意：直径尺寸要在数字前加注"$\phi$"，若直径前加"$s$"则表明是球面。

切割体的尺寸标注，除了要标注基本体尺寸外，还应标注确定截平面位置的尺寸。由于截平面与基本体的相对位置确定后，截交线也被唯一确定，所以截交线不需要再标注尺寸。如图 4-15 所示为切割体的尺寸标注，图中标"×"的是错误的尺寸标注。

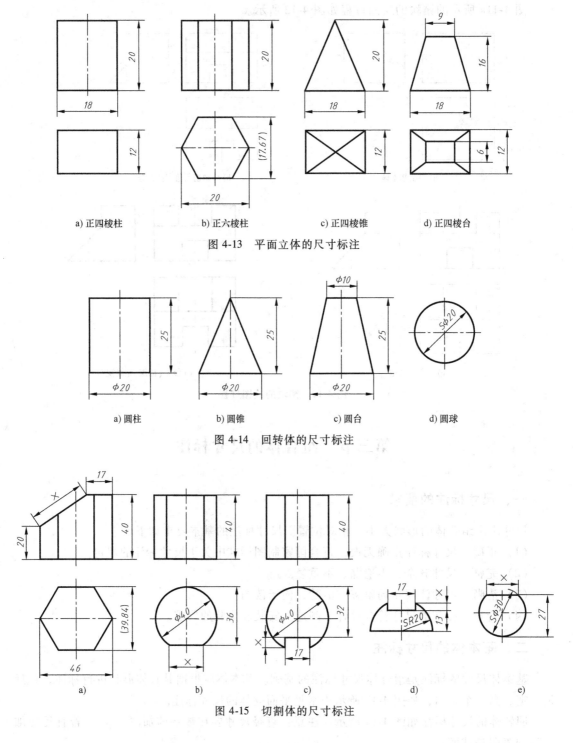

a) 正四棱柱　　b) 正六棱柱　　c) 正四棱锥　　d) 正四棱台

图 4-13　平面立体的尺寸标注

a) 圆柱　　b) 圆锥　　c) 圆台　　d) 圆球

图 4-14　回转体的尺寸标注

a)　　b)　　c)　　d)　　e)

图 4-15　切割体的尺寸标注

## 三、组合体的尺寸标注

标注组合体尺寸应采用形体分析法，选定尺寸基准，逐个标注组合体各部分的定形尺寸、各组成部分之间的定位尺寸和总体尺寸。

下面以图 4-10f 所示的轴承座为例，说明尺寸标注的方法和步骤。

### 1. 形体分析，选定尺寸基准

标注尺寸时，应先确定尺寸基准。组合体有长、宽、高三个方向的尺寸，每个方向至少应有一个尺寸基准。组合体的尺寸标注通常选择对称平面、底面、大的端面或重要回转体的轴线作为尺寸基准。每个方向除一个主要基准外，根据情况还可以有几个辅助基准。基准选定后，各方向的主要尺寸（尤其是定位尺寸）就应从相应的尺寸基准开始进行标注。

如图 4-16 所示为轴承座三个方向的尺寸基准，轴承座底板的底面作为高度基准，轴承座底板的后面作为宽度基准，轴承座的对称轴线作为长度方向的基准。

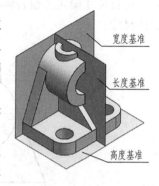

图 4-16　尺寸基准

### 2. 确定各基本组成体的定形和定位尺寸

如图 4-17 所示为轴承座各组成部分的定形和定位尺寸。

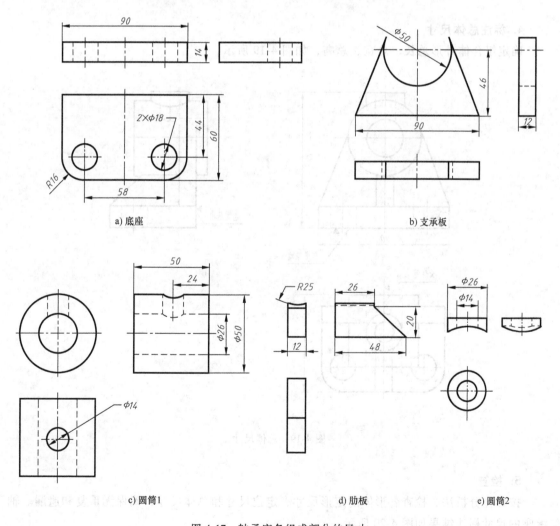

a) 底座　　　　　　　　　　b) 支承板

c) 圆筒1　　　　　　　　d) 肋板　　　　　　e) 圆筒2

图 4-17　轴承座各组成部分的尺寸

### 3. 确定各基本组成体之间的定位尺寸

定位尺寸确定了组合体各组成部分之间的相对位置。如图 4-18 所示为轴承座各部分的定位尺寸。

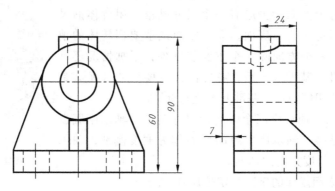

图 4-18　轴承座定位尺寸

### 4. 标注总体尺寸

确定组合体外形总长、总宽、总高，如图 4-19 所示。

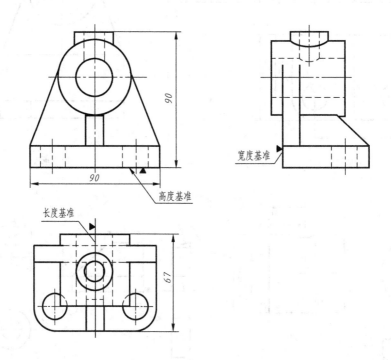

图 4-19　总体尺寸

### 5. 检查

按形体分析法，检查各形体的定形尺寸、定位尺寸和总体尺寸，确保无重复和遗漏。轴承座的尺寸标注结果如图 4-20 所示。

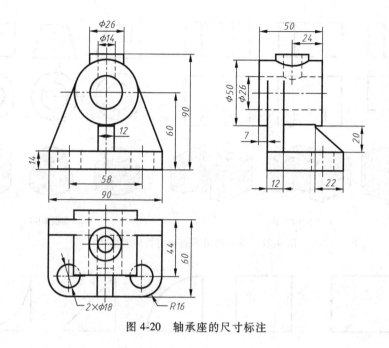

图 4-20　轴承座的尺寸标注

# 第四节　读组合体视图

读图是画图的逆过程，是根据已有的一组视图，分析想象物体的三维形状。读图的基本方法是形体分析法和线面分析法。

## 一、读图要点

### 1. 掌握常用基本体的视图特点

基本体是组合体的基础。按照形体分析法，一个复杂的组合体可以看作是由若干个基本体通过叠加或切割组成的。若熟悉基本体的投影特点，就能快速分析出组合体是由哪些基本体组合而成的。

### 2. 几个视图联系起来读图

物体的形状一般通过多个视图表达，每个视图反映物体一个方向的形状，只由一个视图通常不能唯一确定物体的形状。如图 4-21a 所示的主视图相同，图 4-21b 所示的俯视图相同，但是它们却表达了六种形状不同的物体。

有时仅有两个视图也不能确定视图的形状。如图 4-22 所示，由主、俯两个视图也不能唯一确定物体的形状，需要根据左视图来确定物体的形状。所以读图时，必须几个视图联系起来，相互对照分析，才能正确地想象出物体的形状。

### 3. 明确视图中线、线框的含义

（1）视图中线的含义

1）曲面的转向轮廓线。如图 4-23a 中主视图中的线 $1'$ 表示圆柱面转向轮廓线的投影。

2）物体表面与表面的交线。如图 4-23a 中主视图中的线 $2'$ 表示面 $A$ 与 $B$ 的交线的投影。

3）物体表面的积聚性投影。如图 4-23a 中俯视图中的线 $a$、$b$、$c$ 和主视图上的线 $d'$ 均为

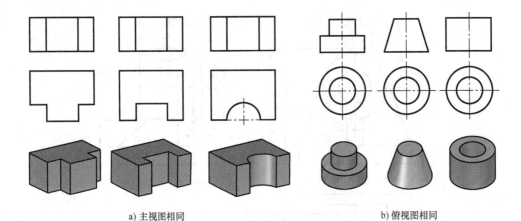

a) 主视图相同      b) 俯视图相同

图 4-21　单一视图不能确定物体的形状

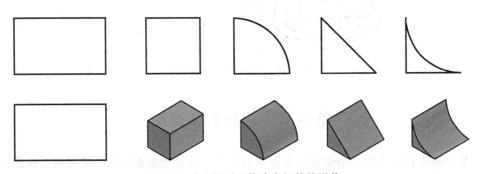

图 4-22　两个视图不能确定机件的形状

相应面的积聚性投影。

（2）视图中线框的含义

1）平面。图 4-23a 中主视图上的 $a'$、$b'$ 和俯视图中的 $d$ 都是平面的投影。

2）曲面。图 4-23a 中主视图上的 $c'$ 表示圆柱面的投影。

3）平面与曲面或曲面与曲面相切的线框组合面。如图 4-23b 所示的线框 $e'$ 就是圆柱面

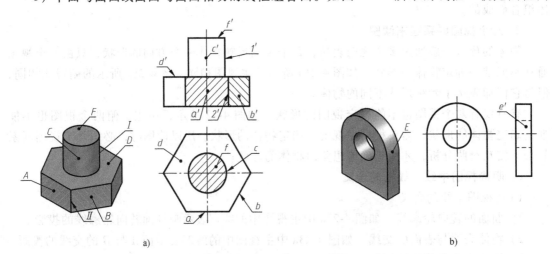

a)　　　　　　　　　　　　　　　　b)

图 4-23　图上线及线框的含义

与平面相切组合面的投影（因为相切，不画切线的投影，造成投影上两面的投影合并为一个线框）。

视图上相邻线框一般表达两个相交面或者不在同一平面上的相互错位的表面，如图 4-23a 中所示的线框 $a'$ 与 $b'$ 就是两个相交面的投影，图 4-23a 中俯视图上线框 $d$ 与 $f$ 表达的是两错位表面的投影。

**4. 找出特征视图**

特征视图有两种，即形状特征和位置特征。

形状特征是指能清楚表达物体形状的视图或线框。如图 4-24a 所示的俯视图表达了板 $A$ 的形状特征；如图 4-24b 所示的主视图反映了背板 $B$ 的形状特征，俯视图反映了底板 $C$ 的形状特征，左视图反映了肋板 $D$ 的形状特征。读图时，找出这些形状特征视图，再配合其他视图，就能较快地读懂视图。

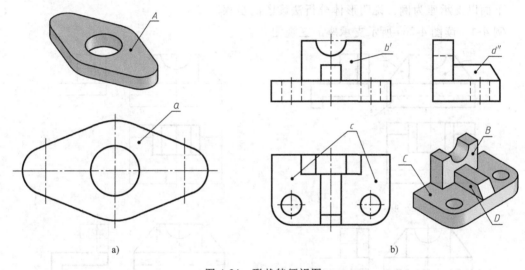

图 4-24 形状特征视图

位置特征视图是指能清晰表达构成物体的各基本体之间相互位置关系的视图。图 4-25a 中主视图可以清晰地判别出三个形状特征，但是不能判断它们之间的相对位置关系。通过图 4-25a 图中的俯视图也不能判定线框 $a$ 和 $c$ 哪个表示孔，哪个表示凸台。如果对照左视

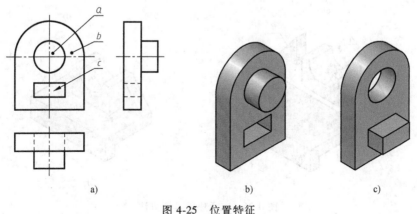

图 4-25 位置特征

图，就可以轻松地判断出各基本体的位置关系，知道 $a$ 特征是凸台，而 $c$ 特征代表的是孔。所以该物体的立体图是图 4-25b，而不是图 4-25c。

## 二、读图的基本方法

读图的基本方法有形体分析法和线面分析法。形体分析法是以"体"的角度，按照投影规律，想象出组成组合体的各个基本体的形状，确定它们的组合方式和相对位置，再综合想出物体的整体形状。线面分析法则是以"线、面"的角度，运用投影规律分清物体上线、面的空间位置，想象出其形状，进而综合想出物体的整体形状。

读图时通常以形体分析法为主，分析物体的大致形状与结构，线面分析法为辅，分析局部的细节。

### 1. 形体分析法读图

下面以支承座为例，说明形体分析法读图的步骤。

例 4-1  读图 4-26a 所示支承座的三视图。

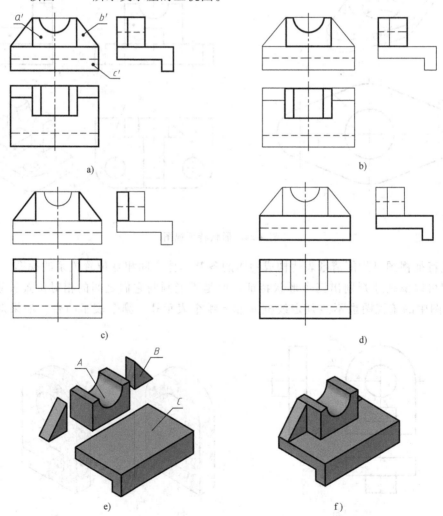

图 4-26  支承座的读图方法

读图步骤：

（1）分线框，找投影　如图 4-26a 所示，先将三个视图联系起来看，根据投影关系找出表达构成组合体各简单体的形状特征和相对位置比较明显的视图。主视图被分成四个封闭线框，其中线框 $b'$ 为左右对称。

（2）按投影，想形状　根据主视图中所分的线框，对照其他两投影，确定其空间形状。主视图中的线框 $a'$ 对应俯视图和左视图的线框如图 4-26b 所示，其空间形状如图 4-26e 所示的基本体 $A$；主视图中的线框 $b'$ 对应俯视图和左视图的线框如图 4-26c 所示，其空间形状如图 4-26e 所示的基本体 $B$；主视图中的线框 $c'$ 对应俯视图和左视图的线框如图 4-26d 所示，其空间形状如图 4-26e 所示的基本体 $C$。

（3）综合起来想整体　分析三视图中基本体 $A$、$B$、$C$ 之间的位置关系可得出：基本体 $A$、$B$ 在 $C$ 之上，$A$ 在中间，$B$ 左右对称分布，$A$、$B$、$C$ 的后表面均平齐，由以上分析可知支承座的空间形状如图 4-26f 所示。

**2. 线面分析法读图**

对于一些比较复杂物体的局部，特别是有切割特征且截交线复杂的组合体，经常采用线面分析法进行读图。下面以压块为例，说明线面分析法读图的步骤。

**例 4-2**　读如图 4-27a 所示压块的三视图。

（1）分线框，对投影　分析图 4-27a 所示的三视图可看出，三个视图的主要轮廓线均为直线，如果将切去的几部分恢复起来，那么切割前的形体为一四棱柱。

俯视图线框 $p$ 在主视图中对应的是一条线，左视图中对应的是线框，如图 4-27b 所示；左视图线框 $q''$（前后对称结构）在俯视图中对应的是一条线，主视图中对应的是线框，如图 4-27c 所示；主视图线框 $m'$ 在俯视图中对应的是一条线，左视图中对应的也是一条线，如

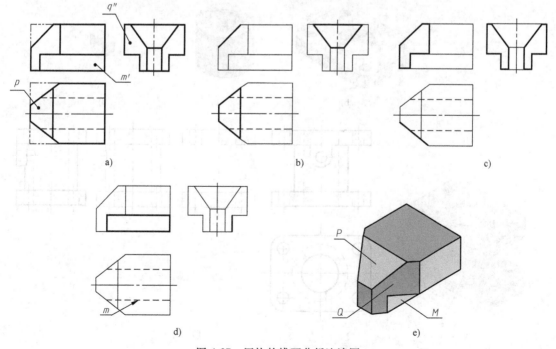

图 4-27　压块的线面分析法读图

图 4-27d 所示。

（2）按投影，想线面　通过对照以上线框在三个视图的投影关系，可判断出面 $P$ 是一个正垂面，面 $Q$ 是一个铅垂面，面 $M$ 是一个正平面。

（3）综合起来想整体　将其他线框作同样分析，想象出这是一个在四棱柱上经过七个平面切割而形成的组合体，如图 4-27e 所示。

## 三、由两视图补第三视图

由两视图补画第三视图是读图与绘图的综合能力训练。一般分为两步：第一步根据已有的视图想象出立体的形状；第二步根据投影关系补画第三视图。

例 4-3　根据图 4-28a 所示的主视图和俯视图，补画左视图。

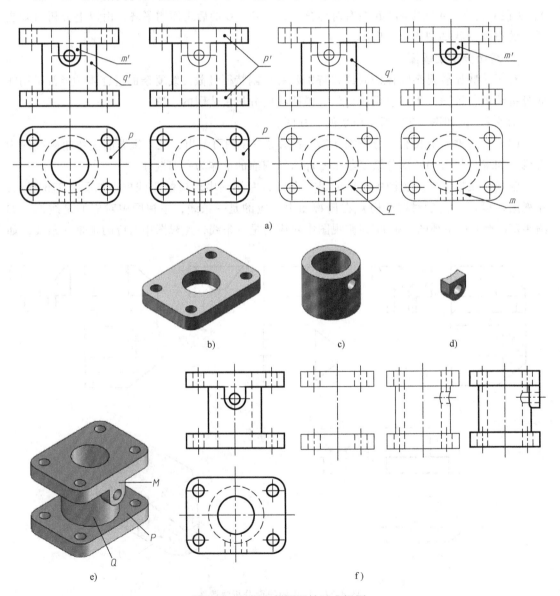

图 4-28　根据主俯视图补画左视图

补图步骤：

1）形体分析。该物体的组成形式是叠加体。物体左右对称，前后不完全对称，上下底板的形状一致。

2）找出特征图形。如图 4-28a 中所示的 $p$、$q'$、$m'$。根据投影关系，找出各特征的投影，如图 4-28b、c、d 所示。

3）根据形体特征的投影，分别想象出每个特征的形状，如图 4-28b、c、d 所示轴测图。

4）整体考虑。底板 $P$ 有上下两个，圆筒 $Q$ 在正中央，凸台 $M$ 在圆筒前方，凸台的前面与顶板的前面平齐，物体的整体形状如图 4-28e 所示。

5）按照投影关系依次画出每个特征，校核特征及特征之间的表面连接，得到最终的左视图，如图 4-28f 所示。

**例 4-4**　根据图 4-29a 所示的主视图和左视图，补画俯视图。

补图步骤：

1）从图 4-29a 可看出该图为切割体，可对其进行线面分析。

2）主视图上的图框 $p'$ 在左视图上没有相似线框，根据投影关系可以确定，线框 $p'$ 在左视图上积聚成一条直线 $p''$，所以面 $P$ 是一个侧垂面。同理可以判断切口 $s'$ 由两个侧平面和一个水平面组成。面 $M$ 为正平面；面 $Q$ 为侧平面。

3）由以上分析可想象出物体的空间形状如图 4-29b 所示。

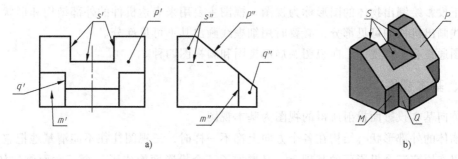

a)　　　　　　　　　　　　　　　　b)

图 4-29　根据主视图和左视图补画俯视图

4）补画俯视图。补画俯视图的步骤如图 4-30 所示。先画出基本体，然后按照切割顺序依次切割，画出俯视图的投影，如图 4-30a、b、c 所示。最终结果如图 4-30c 所示。

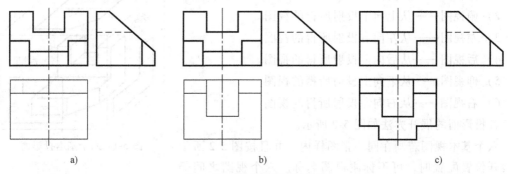

a)　　　　　　　　　　　　　　b)　　　　　　　　　　　　　c)

图 4-30　补画俯视图的步骤

# 第五章

# 机件常用的表达方法

在实际生产中，当机件的形状、结构比较复杂时，如果只采用前面所讲的两视图或三视图很难将机件的内、外形状准确、完整、清晰地表达出来，为此国家标准规定了视图、剖视图、断面图、局部放大图和简化画法等表达方法。本章着重介绍一些常用的表示方法。

## 第一节 视 图

用正投影绘制出物体的图形称为视图。视图主要用来表达机件的外部结构和形状，一般用粗实线画出机件的可见部分，必要时用细虚线画出其不可见部分。

视图通常有基本视图、向视图、局部视图和斜视图四种。

### 一、基本视图

物体向基本投影面投射所得的视图为基本视图。

当物体的外部形状、结构在各个方向上都不一样时，三视图往往不能清楚地把它表达出来。所以在原有三个投影面的基础上，又增加了三个投影面构成了一个正六面体，如图5-1所示。即在原有的三视图中又增加了右视图、后视图、仰视图，这六个视图称为基本视图。

六个基本视图的名称及投射方向规定如下。

1）主视图——从前向后投射所得的视图。

2）俯视图——从上向下投射所得的视图。

3）左视图——从左向右投射所得的视图。

4）后视图——从后向前投射所得的视图。

5）仰视图——从下向上投射所得的视图。

6）右视图——从右向左投射所得的视图。

各投影面的展开方法如图5-2所示。

六个基本视图若画在同一张图样内，并且按图5-2所示

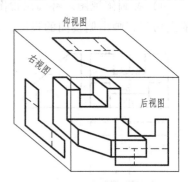

图 5-1 六个基本投影面

的展开位置配置时，可不标注视图名称。六个视图之间仍然符合"长对正、高平齐、宽相等"的投影规律，如图5-3所示。此时，左视图、右视图、俯视图、仰视图中靠近主视图的一侧，都反映了零件的后面，而远离主视图的外侧，反映了

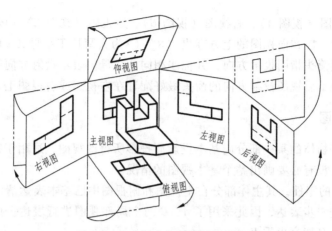

图 5-2　六个基本投影面的展开方法

零件的前面。图 5-3 标出了各视图表示的方位关系。

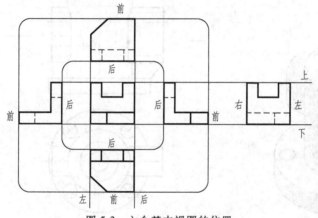

图 5-3　六个基本视图的位置

　　在表达零件时，不必六个基本视图都画出，一般情况下，优先选用主视图、俯视图和左视图。

## 二、向视图

　　由于基本视图的配置固定，有时会给绘图带来不便，因此国家标准规定了一种可以自由配置的视图，称为向视图，如图 5-4 所示。为便于读图，向视图必须进行标注。

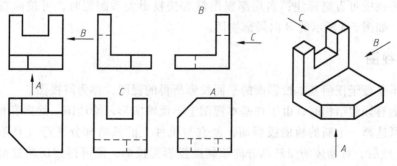

图 5-4　向视图及其标注

图 5-4 中仰视图（视图 $A$）、右视图（视图 $B$）、后视图（视图 $C$）均未按基本视图位置配置，故需要标注，应在向视图的上方标出"×"（×为大写拉丁字母 $A$、$B$、$C$…），在其他相应视图的附近用箭头指明投射方向，并标注相同的字母。表示投射方向的箭头应尽可能配置在主视图上；表示后视图投射方向的箭头最好配置在左视图或右视图上。

### 三、局部视图

局部视图是将物体的某一部分向基本投影面投影所得的视图，适用于需要表达零件的某一局部形状，而又没有必要画出整个基本视图的情况。

如图 5-5 所示的零件，其主体部分在主视图和俯视图中已基本表达清楚，但左右两侧的凸出部分还需要进一步表达，因此采用了 $A$、$B$ 两个局部视图进行表达。此时，采用局部视图可以简化作图，又能突出重点。

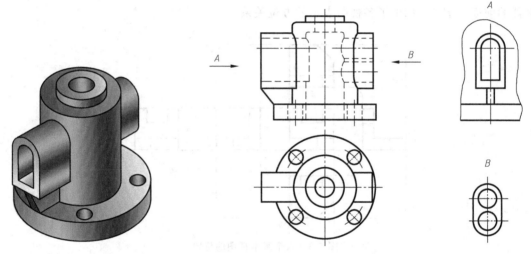

图 5-5　局部视图

画局部视图时应注意以下几点：

1）局部视图断裂处的边界线应以波浪线或双折线表示，如图 5-5 所示的 $A$ 视图。

2）当表示局部结构的外形轮廓线呈完整封闭图形时，波浪线可省略不画，如图 5-5 所示的 $B$ 视图。

3）当局部视图按投影关系配置，中间又没有其他图形隔开时可省略标注，如图 5-5 所示中 $A$ 向局部视图可省略标注；当局部视图没有按投影关系配置时，可按向视图的标注方式进行标注，如图 5-5 所示的 $B$ 向局部视图。

### 四、斜视图

物体向不平行于任何基本投影面的平面投影所得的视图，称为斜视图。

当物体上有倾斜结构时，由于在基本视图上不反映实形，给读图、绘图和标注都带来了困难，这时可选择一个新的辅助投影面，使它与机件上的倾斜部分平行（且垂直于某一基本投影面），然后，将物体的倾斜部分向该辅助投影面投影，便可得到反映这部分实形的斜视图。如图 5-6 所示，物体的倾斜部分采用 $A$ 向斜视图表达。

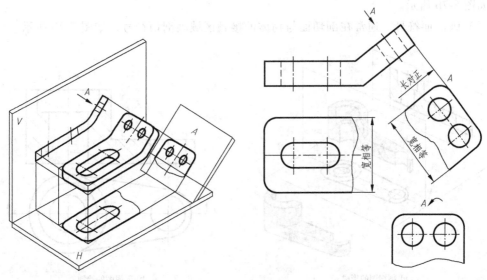

图 5-6　斜视图

画斜视图时应注意以下几点：

1）斜视图通常按向视图的配置形式配置并标注，如图 5-6 中的 A 视图。必要时允许将斜视图旋转后画出，但须画出旋转符号，旋转符号箭头指向字母并与图样的旋转方向一致，如图 5-6 所示的 A ⌒ 视图。

2）画斜视图时，可将物体不反映实形的部分用波浪线断开省略不画；同样在相应的基本视图中也省去倾斜部分的投影，绘成局部视图，如图 5-6 所示。

# 第二节　剖　视　图

当机件内部结构比较复杂时，视图中的虚线较多，这些虚线与虚线、虚线与实线混合在一起，会影响图形的清晰性，不便于读图和标注尺寸。为了解决这些问题，国家标准规定了剖视图的画法。

## 一、剖视图的基本概念

### 1. 剖视图的概念
剖切物体的假想平面或曲面称为剖切面。

假想用剖切面剖开物体，将处在观察者和剖切面之间的部分移去，而将其余部分向投影面投影所得的图形，称为剖视图，简称剖视，如图 5-7a 所示。

剖视图可按基本视图的配置关系配置，也可按向视图自由配置。

### 2. 剖视图的画法
（1）确定剖切面的位置　一般常用平面作为剖切面（也可用柱面）。画剖视图时，首先要选择恰当的剖切位置。为了表达物体内部的真实形状，剖切平面一般应通过物体内部结构的对称平面或孔的轴线，并平行于相应的投影面，如图 5-7a 所示。

（2）画剖视图　剖切平面剖切到的物体断面轮廓和其后面的可见轮廓，都用粗实线画出，如图 5-7b 所示。

（3）画剖面符号　通常在剖切面与物体的接触区域画剖切符号，如图 5-7b 所示。

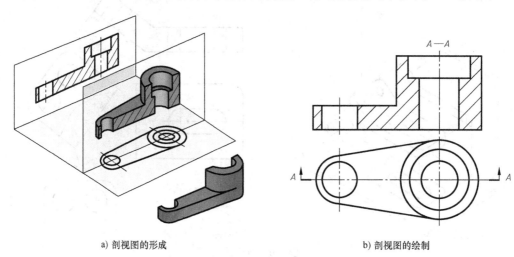

a) 剖视图的形成　　　　　　　　　　　　b) 剖视图的绘制

图 5-7　剖视图

### 3. 剖面符号

剖切面与机件接触的部分称为断面。为了区分机件的实心部分和空心部分，国家标准规定在断面图形上要画出剖面符号，并且不同的材料要用不同的剖面符号。各种材料的剖面符号见表 5-1。

表 5-1　各种材料的剖面符号

| 材料名称 | | 剖面符号 | 材料名称 | 剖面符号 |
|---|---|---|---|---|
| 金属材料(已有规定剖面符号者除外) | | | 非金属材料(已有规定剖面符号者除外) | |
| 线圈绕组元件 | | | 转子、电枢、变压器和电抗器等的叠钢片 | |
| 混凝土 | | | 钢筋混凝土 | |
| 砖 | | | 型砂、填砂、粉末冶金砂轮、陶瓷、刀片、硬质合金刀片等 | |
| 玻璃及供观察的其他透明材料 | | | 木质胶合板(部分层数) | |
| 木材 | 纵剖面 | | 液体 | |
| | 横剖面 | | 格网(筛网、过滤网等) | |

其中金属材料的剖面符号一般为与水平方向成 45°角（左右倾斜均可）、且间距相等的细实线。当不需在剖面区域中表示材料的类别时，剖面符号可采用通用剖面线表示。通用剖面线为细实线，最好与主要轮廓或剖面区域的对称线成 45°角。但当图形的主要轮廓与水平方向成45°角时，该图形的剖面线应画成与水平方向成 30°或 60°角的平行线，如图 5-8 所示。

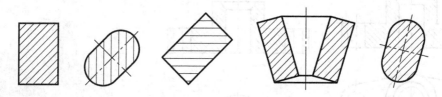

图 5-8　通用剖面线的画法

同一零件的剖面线在各个剖视图中的倾斜方向和间隔都必须一致，如图 5-9 所示。

**4. 剖视图的标注**

为了方便读图，剖视图一般需要标注，标注内容如下：

1）在剖视图上方标注视图的名称"×—×"（×为大写拉丁字母），字母必须水平书写，如图 5-7b、图 5-9 所示的"A—A"。

2）在另一个相应的视图上用剖切符号（粗短线表示）表示剖切位置，用箭头（细实线）表示投射方向，箭头线应垂直于短粗线画出，如图 5-7b 所示。

若存在以下情况，剖视图可省略标注：

1）当剖视图按投影关系配置，中间又无其他图隔开时，可省略箭头，如图 5-9 所示。

2）当单一剖切平面重合于机件的对称平面或基本对称平面，且剖视图是按投影关系配置，中间又无其他图形隔开时，可省略标注，如图 5-10 所示。如图 5-7b 的标注可以省略。

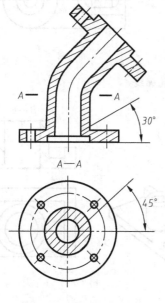

图 5-9　剖面线的画法示例

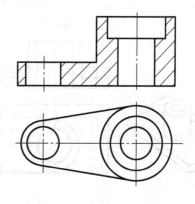

图 5-10　剖视图省略标注示例

### 5. 画剖视图需注意的事项

1）剖切是假想的，并不是真的把机件切开并拿走。因此除了剖视的视图外，其余视图应按完整机件画出，如图 5-11 所示。

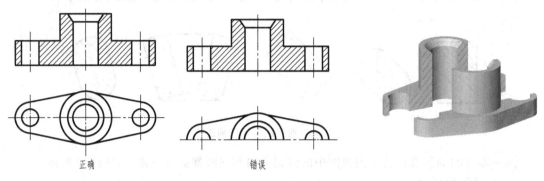

正确　　　　　　　错误

图 5-11　画剖视图时要注意机件的完整性

2）机件剖开后，内外轮廓都应画全，不得遗漏。如图 5-12 所示中缺少的线段是比较常见的错误。如图 5-13 所示为两组结构不同的零件剖视图，注意其结构的不同和主视图的差别，这种结构在主视图中也比较容易遗漏线。

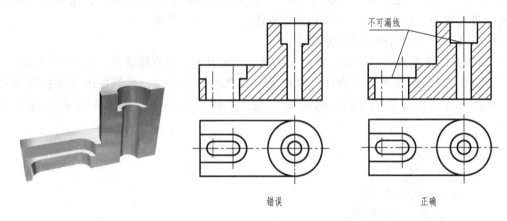

不可漏线

错误　　　　　　　正确

图 5-12　剖视图不应漏画可见轮廓线

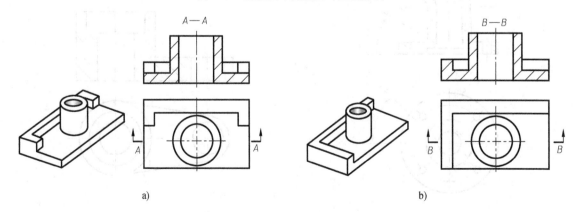

$A—A$　　　　　　　　　　　$B—B$

a)　　　　　　　　　　　　　b)

图 5-13　主视图容易遗漏线的剖视图

3）对于剖切面后的不可见部分，如果在其他视图上已表达清楚，就不要再画虚线。对于个别没有表达清楚的部分，又没有必要增加一个视图的，则仍可用虚线画出，如图 5-14 所示的主视图上的虚线不应省略。

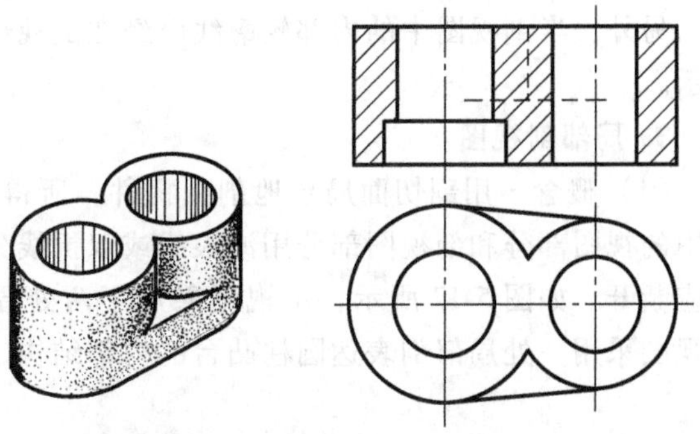

## 二、剖视图的种类

剖视图可分为全剖视图、半剖视图和局部剖视图三种。

图 5-14　剖视图中必要的虚线要画出

### 1. 全剖视图

（1）概念　用剖切面将物体完全剖开后所得的剖视图称为全剖视图，图 5-9～图 5-14 的主视图均为全剖视图。

（2）应用　全剖视图主要用于表达内部形状比较复杂，外形比较简单或已在其他视图上表达清楚的机件。

（3）标注　全剖视的标注及省略方式与剖视图标注的规定相同，如图 5-7、图 5-9、图 5-10 所示。

### 2. 半剖视图

（1）概念　当机件具有对称结构，用剖切面剖开机件时，可以以对称中心线为界，一半画成剖视图，另一半画成视图，这样的图形称为半剖视图，如图 5-15 所示。

（2）应用　半剖视图主要用于内、外形状都比较复杂、均需表达，且在投影面上的投影具有对称性或基本对称的机件。

如图 5-15 所示的机件，其结构左右、前后对称，主视图采用半剖视可以同时表达机件外形和内部孔的情况；俯视图采用半剖视是为了表达机件上下板的外形以及前后凸台的内部结构。

（3）标注　半剖视图的标注方法与全剖视图相同。但画半剖视图时需要注意的是：半个剖视和半个视图必须以细点画线为界。如果作为分界线的细点画线刚好和轮廓线重合，则应避免使用。如图 5-16 所示主视图，尽管图的内外形状都对称，但采用半剖视图后，其分

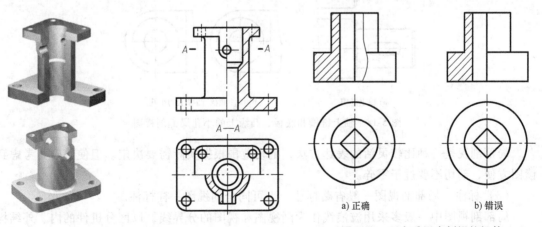

图 5-15　半剖视图及其标注　　　　图 5-16　不宜采用半剖视的机件

a) 正确　　　　b) 错误

界线恰好和内轮廓线相重合，不满足分界线是细点画线的要求，所以不应用半剖视图表达。

另外，半剖视图中的内部轮廓线已经在剖视部分表达清晰的，在视图部分不必再用虚线表示。

### 3. 局部剖视图

（1）概念　用剖切面局部地剖开机件，所得到的剖视图，称为局部剖视图。局部剖视图中的视图部分和剖视图部分用波浪线或双折线分界，当剖切到孔、槽等空的结构时，波浪线应断开。如图5-17所示，主视图采用了两处局部剖，分别表示底板和圆柱内孔的结构；俯视图采用一处局部剖表达圆柱凸台的内部结构，波浪线在垂直的圆柱孔处断开。

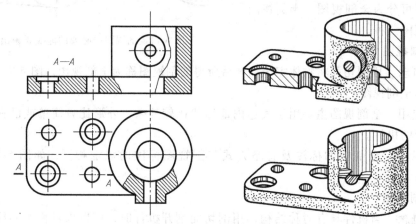

图5-17　局部剖视图及其标注

（2）应用　局部剖视图一般用于表达内、外部结构形状都复杂，且投影不对称的机件，或用于不宜采用全、半剖视图表达的地方，如轴、手柄等实心机件上有孔、槽，机件底板、凸缘上的小孔等结构常采用局部剖视图，如图5-18所示。或机件虽然对称，但轮廓线与对称中心线重合，不宜采用半剖视图时，也常用局部剖视图表示，如图5-16所示。

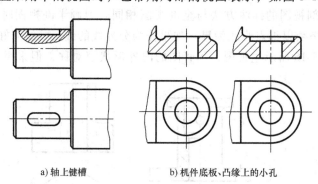

a）轴上键槽　　　　　　　b）机件底板、凸缘上的小孔

图5-18　轴上键槽和底板、凸缘上的小孔局部剖视图

局部剖视是一种比较灵活的表达方法，剖切范围根据实际需要决定。但使用时要考虑到读图方便，剖切不要过于零碎。

（3）标注　局部剖视图一般省略标注，也可同全剖视图一样标注。

局部剖视图中一般多采用波浪线作为剖视图和视图的分界线，以区分机件的内、外结构形状，也可用双折线代替波浪线。当被剖切部位的局部结构为回转体时，允许将该结构的中

心线作为局部剖视图与视图的分界线，如图 5-19 所示的拉杆的局
部剖视图。

波浪线的画法应注意以下几点：

1）波浪线不能超出图形轮廓线。如图 5-20a 所示俯视图。

2）波浪线不能穿孔而过，如遇到孔、槽等结构时，波浪线
必须断开，如图 5-20a 所示。

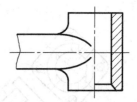

图 5-19　拉杆局部剖视图

3）波浪线不能与图形中任何图线重合，也不能用其他线代替或画在其他线的延长线
上，如图 5-20b、图 5-20c 所示。

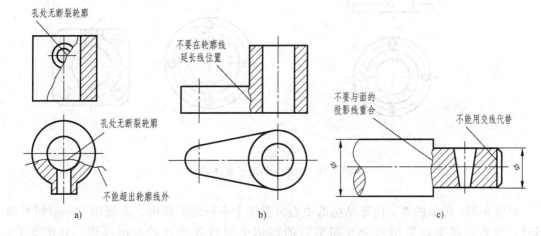

图 5-20　局部剖视图的波浪线的画法

## 三、剖视图的剖切方法

由于机件内部结构形状的多样化，有时用一个剖切面剖开机件不足以把机件的内部结构
表达清楚，因此，国家标准规定可用不同数量、不同位置的剖切面在不同的范围内剖开机
件，以便把机件表达清楚，因此在实际中有多种剖切方法。

### 1. 单一剖切

用一个剖切平面剖开机件的方法称为单一剖。

单一剖一般为平行于基本投影面的剖切平面，前面介绍的全剖视图、半剖视图、局部剖
视图均为用单一剖切平面剖切而得到的，这种方法应用最多。

也可以采用不平行于任何基本投影面的剖切平面剖开机件，来表达机件上倾斜部分的内
部结构，此方法称为斜剖，如图 5-21 所示的 A—A 为斜剖视图。

画斜剖视图时，必须标注剖切位置，并用箭头指明投射方向，注明剖视名称。最好按投
影关系配置在与剖切符号相对应的位置，如图 5-21a 所示。在不致引起误解的情况下，也可
平移到其他适当位置，如图 5-21b 所示的 A—A；也允许将图形旋转，此时应当在视图名称
前加旋转符号，如图 5-21b 所示⌒A—A。

### 2. 几个互相平行的剖切平面剖切

当机件上具有几种不同的结构要素（如孔、槽等），它们的中心线排列在几个互相平行
的平面上时，宜采用几个互相平行的剖切平面进行剖切。

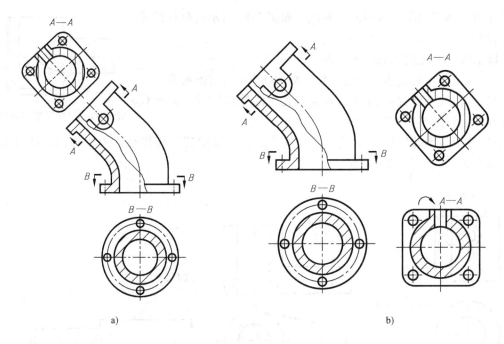

a)                                    b)

图 5-21　用单一斜剖平面剖切

如图 5-22a 所示机件，内部结构的中心位于两个平行的平面内，不能用单一剖切平面剖开，因此主视图是采用两个互相平行的剖切平面将其剖开的全剖视图，如图 5-22b 所示。

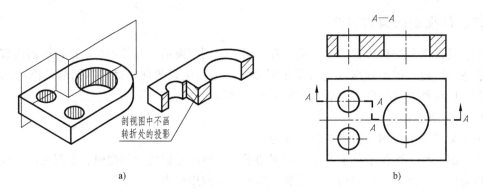

a)                                    b)

图 5-22　用互相平行的剖切平面剖切

采用几个平行的剖切平面剖切时，通常需要进行标注，标注方法如图 5-22b 所示。在剖切平面迹线的起始、转折和终止的地方，用剖切符号（粗短线）表示它的位置，并写上相同的字母。在剖切符号两端用细实线加箭头表示投射方向（如果剖视图按投影关系配置，中间又无其他图形隔开时，可省略箭头）。在剖视图上方用相同的字母标出名称"×—×"（×为大写拉丁字母），字母总是水平书写。

采用该剖切方法时，应注意下列几点：

1）为了表达孔、槽等内部结构的实形，几个剖切平面应同时平行于同一个基本投影面。

2）因为剖切是假想的，所以在剖视图上不应画出两个剖切平面转折处的投影，如图 5-23 所示。

3）剖视图上，不应出现不完整要素。只有当两个要素在图形上具有公共对称中心时才允许各画一半，此时，应以中心线或轴线为界，如图 5-24 所示。

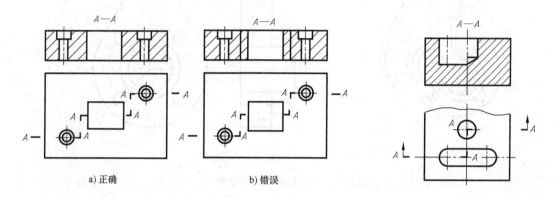

图 5-23　不应画出两个剖切平面转折处的投影　　　　图 5-24　阶梯剖视的特例

4）为清晰起见，各剖切平面的转折处不应重合在图形的实线或虚线上，如图 5-25 所示。

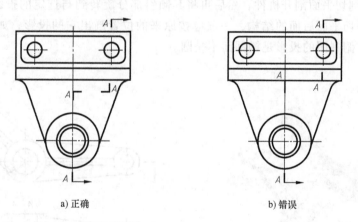

图 5-25　剖切平面的转折处不应与图形实线、虚线重合

### 3. 两个相交的剖切平面剖切

两个相交的剖切平面是指用两个相交的垂直于某一基本投影面的平面剖开机件的方法。该方法适用于有回转轴线的机件，而轴线恰好是两剖切平面的交线，并且两剖切平面一个为投影面平行面，一个为投影面垂直面，剖开后将投影面垂直面旋转成为投影面平行面之后再绘图。

如图 5-26a 所示的法兰盘，它中间的大圆孔和均匀分布在四周的小圆孔都需要剖开表示，采用相交于法兰盘轴线的侧平面和正垂面去剖切，并将位于正垂面上的剖切面绕轴线旋转到和侧面平行的位置，绘制的剖视图如图 5-26b 所示的 A—A 右视图。

用两个相交的剖切平面剖切，其视图必须标注，标注方法与平行剖切相近，如图 5-26b 所示。

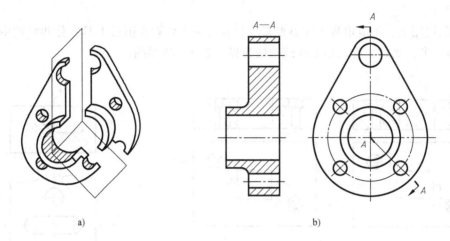

图 5-26　两个相交的剖切平面

采用两个相交的剖切平面剖切时，应注意下列几点：

1）两相交剖切面的交线应与机件上的旋转轴线重合，并垂直于某一基本投影面，以反映被剖切结构的真实形状。

2）应先用剖切平面剖开机件，然后再将其倾斜部分旋转到与选定的投影平面平行，再进行投影，但剖切平面后面的结构，一般应按原来的位置画出它的投影，如图 5-27 所示摇臂的小孔结构，俯视图的投影是椭圆而不是圆。

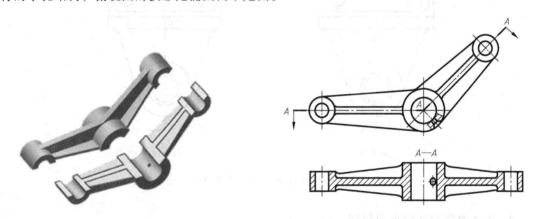

图 5-27　用相交的剖切面绘制摇臂

3）当剖切后产生不完整要素时，应将这部分要素按不剖绘制，如图 5-28 所示。

**4. 复合剖**

当机件的内部结构比较复杂，用上述互相平行的平面剖切或相交的平面剖切仍不能完全表达清楚时，可以采用几种剖切面的组合来剖开机件，这种剖切方法，称为复合剖。如图 5-29 所示的机件，采用的是组合的剖切面剖切。

复合剖必须进行标注，标注方法如图 5-29 所示。

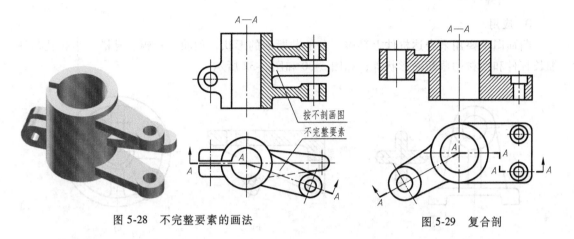

图 5-28　不完整要素的画法

图 5-29　复 合 剖

# 第三节　断 面 图

## 一、断面图的概念

### 1. 概念

假想用剖切平面将机件在某处切断，仅画出该剖切面与物体接触部分的图形，称为断面图，简称为断面。如图 5-30 所示，在轴的主视图右方用一断面图表达键槽。

### 2. 断面图与剖视图的区别

断面图仅画出机件断面的图形，而剖视图则要画出剖切平面以后的所有部分的投影。图 5-31 为图 5-30 所示轴的断面图和剖视图。从图中比较可以看出，用断面图表达轴上键槽时显得更为清晰、简洁，同时也便于标注尺寸。

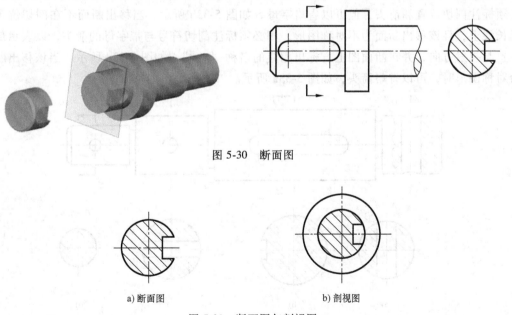

图 5-30　断面图

a) 断面图　　　　　　　　　　b) 剖视图

图 5-31　断面图与剖视图

### 3. 应用

断面图主要用来表达机件上某些部分的截断面的形状，如肋、轮辐、键槽、小孔及各种细长杆件和型材的截断面形状等，如图 5-30 和图 5-32 所示。

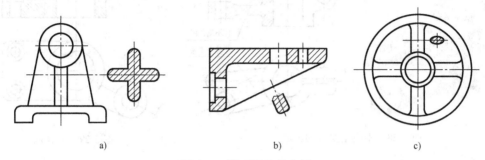

a)　　　　　　　　　　　　b)　　　　　　　　　　　　c)

图 5-32　断面图及其应用

## 二、断面图的分类、画法和标注

断面图分为移出断面图和重合断面图两种。

### 1. 移出断面图

画在视图轮廓之外的断面图称为移出断面图。如图 5-32 和图 5-33 所示，均为移出断面图。移出断面的轮廓线用粗实线画出，并在断面上画出剖面符号。

移出断面图一般用剖切符号表示剖切位置，用箭头表示投射方向，并在剖切位置附近注上大写拉丁字母，在相应断面图的上方，用同样的字母标出相应的名称"×-×"（×为大写拉丁字母），如图 5-33 所示。

移出断面尽量画在剖切位置的延长线上，如果该移出断面为对称图形，只需用短粗线标明剖切位置，可以不标注箭头和字母，如图 5-33c 所示。如果该移出断面为不对称图形，则必须标注剖切位置和箭头，但可以省略字母，如图 5-33b 所示。当移出断面不在剖切位置的延长线上，且该移出断面为不对称图形，则必须标注剖切符号与带字母的箭头，以表示剖切位置与投射方向，并在断面图上方标出相应的名称"×-×"，如图 5-33d 所示。当该移出断面为对称图形时，可以省略箭头，如图 5-33a 所示。

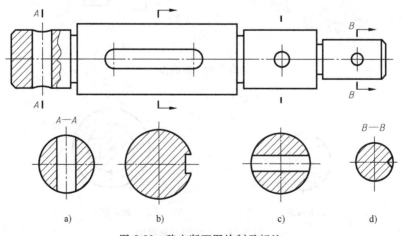

a)　　　　　　b)　　　　　　c)　　　　　　d)

图 5-33　移出断面图绘制及标注

　　当移出断面按照投影关系配置时，不管该移出断面为对称图形还是不对称图形，因为投射方向明显，所以可以省略箭头，如图 5-34 所示 A—A 剖切面的标注。

　　移出断面图形对称时，可配置在视图的中断处，此时不需要标注，如图 5-35 所示。

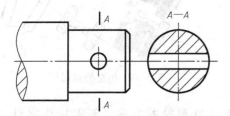
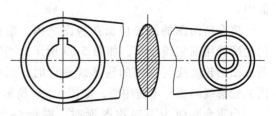

图 5-34　移出断面按照投影关系配置　　　　　图 5-35　移出剖面配置在视图中断处

绘制移出断面图时，应注意：

　　1）当剖切平面通过由回转面形成的圆孔或圆锥坑等结构的轴线时，这些结构应按剖视画出，如图 5-36 所示。

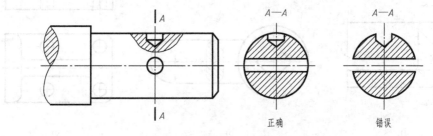

图 5-36　带有孔或凹坑的断面图

　　2）当剖切平面通过非圆孔，会导致出现完全分离的断面图形时，这些结构也应按剖视画出，如图 5-37 所示。

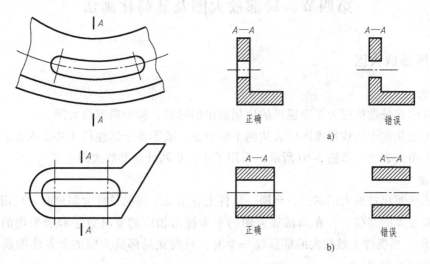

图 5-37　按剖视图绘制的断面图

　　3）剖切平面应与被剖切部分的主要轮廓线垂直，若用一个剖切面不能满足垂直时，可用相交的两个或多个剖切面分别垂直于机件轮廓线剖切，其断面图形中间用波浪线断开，如

图 5-38 所示。

### 2. 重合断面图

画在视图轮廓线之内的断面图称为重合断面图。

重合断面图的图形应画在视图之内，断面图的轮廓线用细实线绘制，如图 5-39 所示。当重合断面图的轮廓线与视图的轮廓线重合时，仍按视图的轮廓线画出，不应中断，如图 5-39a 所示。

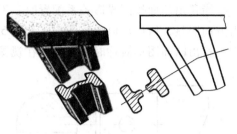

图 5-38　相交的剖切面

当重合断面为不对称图形时，需标注其剖切位置和投射方向，不需标注字母，如图 5-39a 所示；当重合断面为对称图形时，一般不必标注，如图 5-39b、图 5-39c 所示。

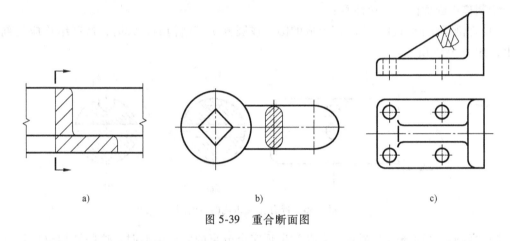

a)　　　　　　　　　　b)　　　　　　　　　　c)

图 5-39　重合断面图

## 第四节　局部放大图及其简化画法

### 一、局部放大图

#### 1. 概念

将机件的部分结构用大于原图形的比例画出的图形，称为局部放大图。

机件上某些细小结构在视图中表达的不够清楚，或不便于标注尺寸和技术要求时，常采用局部放大图来表达。如图 5-40 所示，采用了 I、II 两处局部放大图。

#### 2. 画法

用细实线圈出被放大的部位，当同一机件上有多处不同的被放大部位时，应用罗马数字依次标明被放大的部位，并在局部放大图的上方标出相应的罗马数字和所采用的比例，如图 5-40 所示。当机件上被放大的部位仅一个时，只需在局部放大图的上方注明所采用的比例即可，如图 5-41 所示。

画局部放大图需注意以下几个问题。

1）局部放大图可画成视图、剖视图或断面图，与被放大部分原图形的画法无关，局部放大图应尽量配置在被放大部分的附近。

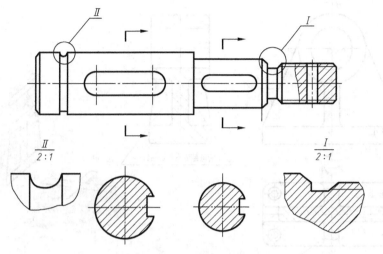

图 5-40　局部放大图

2）局部放大图中标注的比例为放大图尺寸与实物尺寸之比，而与原图所采用的比例无关。

3）对于同一机件上不同部位，但图形相同或对称时，只需画出一个局部放大图，如图 5-42 所示。

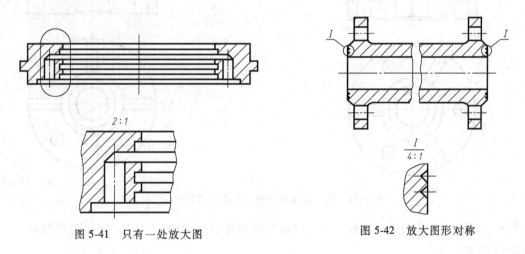

图 5-41　只有一处放大图　　　　　　　图 5-42　放大图形对称

## 二、简化画法

绘图时，在不影响对零件表达完整和清晰的前提下，应力求绘图简便。国家标准规定了一些简化画法，现将一些常用的方法介绍如下。

1）当机件上的肋板、轮辐及薄壁等结构纵向剖切时，肋板、轮辐、薄壁等按不剖处理，不画剖面符号，而用粗实线将它们与其相邻结构分开。但横向剖切时（剖切面与肋板垂直），仍按剖视图画出，如图 5-43 所示。

2）回转体上均匀分布的肋板、轮辐、孔等结构不处于剖切平面上时，可将这些结构假想地旋转到剖切平面上画出，如图 5-44 所示。

3）相同结构的简化画法。当机件上具有若干相同结构（齿、槽、孔等），并按一定规

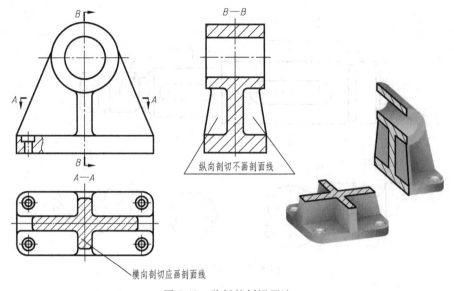

图 5-43　肋板的剖视画法

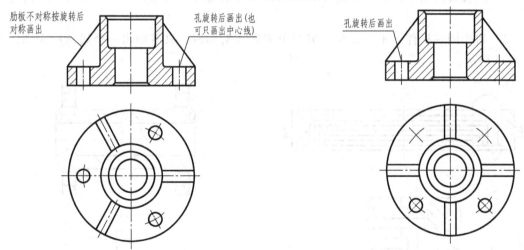

图 5-44　均匀分布的肋板、孔的剖切画法

律分布时，只需画出几个完整结构，其余用细实线相连或标明中心位置，并注明总数即可，如图 5-45 所示。

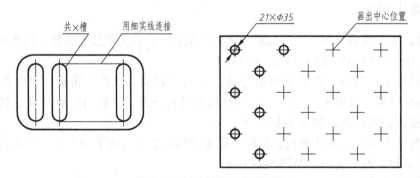

图 5-45　相同结构的简化画法

4）较长机件的折断画法。较长的机件（轴、杆、型材等），沿长度方向的形状一致或按一定规律变化时，可断开缩短绘制，但必须按原来实长标注尺寸。机件断开处常用波浪线画出，如图 5-46 所示。

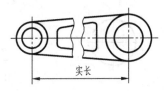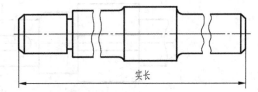

图 5-46　较长机件的折断画法

5）较小结构的简化画法。机件上较小的结构，如在一个图形中已表示清楚，在其他图形中可以简化或省略，如图 5-47 所示。

6）某些结构的示意画法。当图形不能充分表达平面时，可以用平面符号（相交细实线）表示，如图 5-48 所示。如已表达清楚，则可不画平面符号，如图 5-47 所示。

网状物、编织物或机件上的滚花部分，可在轮廓线附近用粗实线示意画出，并标明其具体要求，如图 5-49 所示即为滚花的示意画法。

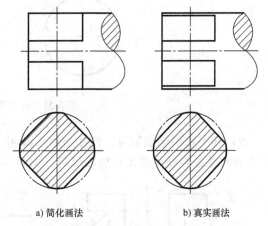

a) 简化画法　　　　　b) 真实画法

图 5-47　较小结构的简化画法

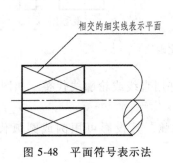

图 5-48　平面符号表示法

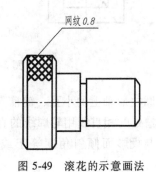

图 5-49　滚花的示意画法

7）对称机件的简化画法。在不致引起误解时，对称零件的视图可只画一半或四分之一，并在对称中心线的两端画出两条与其垂直的平行细实线，如图 5-50 所示。

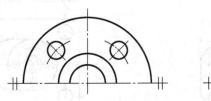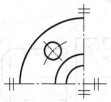

图 5-50　对称机件的简化画法

8）移出断面剖切符号的省略。在不致引起误解时，零件图中的移出断面，允许省略剖切符号，但剖切位置和断面图的标注，必须按规定的方法标出，如图 5-51 所示。

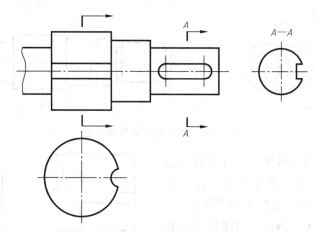

图 5-51　移出断面的简化画法

9）在不致引起误解时，机件上的小圆角、小倒圆或 45° 小倒角允许省略不画，但必须注明其尺寸或在技术要求中加以说明，如图 5-52 所示。

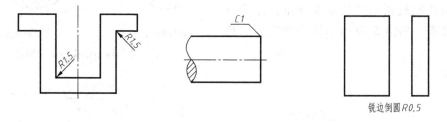

图 5-52　圆角、倒角的简化画法

10）圆柱形轴上的小孔、键槽等出现的交线，允许用直线或轮廓线代替。如图 5-53 所示轴上键槽处的相贯线用轮廓线的直线代替。

11）与投影面倾斜角度等于或小于 30° 的圆或圆弧，其投影可用圆或圆弧代替，如图 5-54 所示。

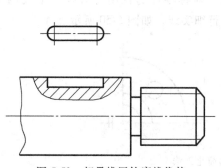

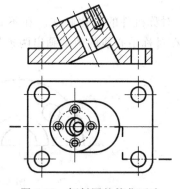

图 5-53　相贯线用轮廓线代替　　　　　图 5-54　倾斜圆的简化画法

## 第五节　综合应用举例

前面介绍了视图、剖视图、断面图等表达方法，应根据机件结构的具体情况灵活选择，从而达到完整、清晰、简练地表达出机件形状的目的。

如图 5-55 所示，为一机件的综合表达方案，通过识读该图，学习分析识读比较复杂机件图样的方法和步骤。

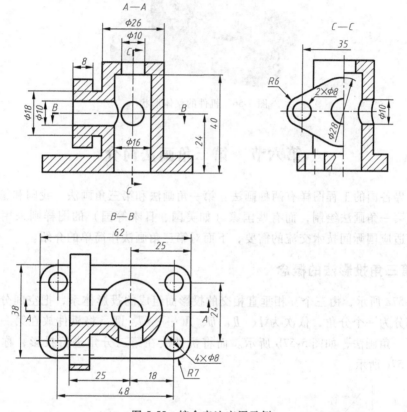

图 5-55　综合表达应用示例

### 1. 图形分析

机件采用三个基本视图，主视图采用全剖视（A—A）表达机件的内部结构，由于机件前后对称，左视图（C—C）和俯视图（B—B）采用了半剖视图来表达外形和内部结构。此外，左视图底板处还采用了局部剖视图来表达孔的深度。

主视图表达了机件的主体部分和左端凸出部分的内部结构形状。俯视图着重表达底板的外形，还表达了左端凸出部分的结构。左视图重点表达左端凸出部分的外形，辅助补充表达了主体及底板的结构。

### 2. 形体分析

由图形分析可见，机件可以分为 3 个部分，主体结构为内部垂直、前后均有通孔的圆柱体。底板为带圆角的长方体，上面有四个圆孔。左端凸出的厚度为 8mm 的部分通过一段圆柱体与主体相连，其上的中心孔与主体内部孔相通。

### 3. 综合想象

通过形体分析，想象出各部分的空间形状，再按它们之间的相对位置组合起来，便可想象出机件的整体形状，如图 5-56 所示。

图 5-56　机件的整体形状

# 第六节　第三角画法简介

目前世界各国的工程图样有两种画法：第一角画法和第三角画法。我国和德国、俄罗斯等国家采用第一角画法绘制，而有些国家（如美国、日本等国）的图样则采用第三角画法绘制。为了适应国际间技术交流的需要，下面对第三角画法作简单的介绍。

## 一、第三角投影法的概念

如图 5-57a 所示，由三个互相垂直相交的投影面组成的投影体系，把空间分成了八个部分，每一部分为一个分角，依次为 I、II、III、IV……VII、VIII。将机件放在第一分角进行投影，称为第一角画法，如图 5-57b 所示。而将机件放在第三分角进行投影，称为第三角画法，如图 5-57c 所示。

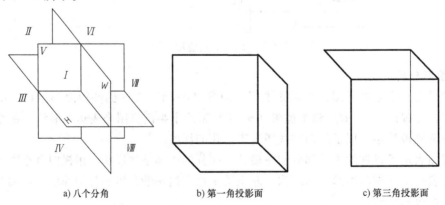

a) 八个分角　　　　　　　b) 第一角投影面　　　　　　　c) 第三角投影面

图 5-57　空间的八个分角及第一角、第三角投影法

## 二、第三角画法与第一角画法的区别

第三角画法与第一角画法的区别在于人（观察者）、物（机件）、图（投影面）的位置

关系不同。采用第一角画法时，是把物体放在观察者与投影面之间，从投射方向看是"人、物、图"的关系，如图 5-58 所示。

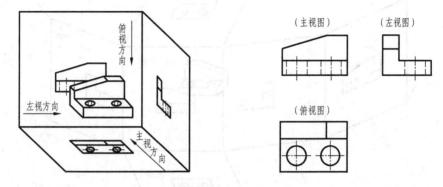

图 5-58　第一角画法原理

而采用第三角画法时，是把投影面放在观察者与物体之间，从投射方向看是"人、图、物"的关系，如图 5-59 所示。投影时就好像隔着"玻璃"看物体，将物体的轮廓形状印在"玻璃"（投影面）上。

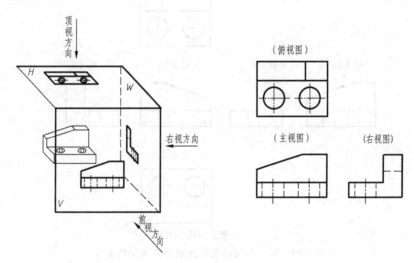

图 5-59　第三角画法原理

## 三、第三角投影图的形成

采用第三角画法时，从前面观察物体在 $V$ 面上得到的视图称为主视图，从上面观察物体在 $H$ 面上得到的视图称为俯视图，从右面观察物体在 $W$ 面上得到的视图称为右视图。各投影面的展开方法是：$V$ 面不动，$H$ 面向上旋转 $90°$，$W$ 面向右旋转 $90°$，使三投影面处于同一平面内，展开后三视图的配置关系如图 5-59 所示。

采用第三角画法时也可以将物体放在正六面体中，分别从物体的六个方向向各投影面进行投影，得到六个基本视图，即在三视图的基础上增加了后视图（从后往前看）、左视图（从左往右看）、底视图（从下往上看）。展开后六视图的配置关系如图 5-60 所示。

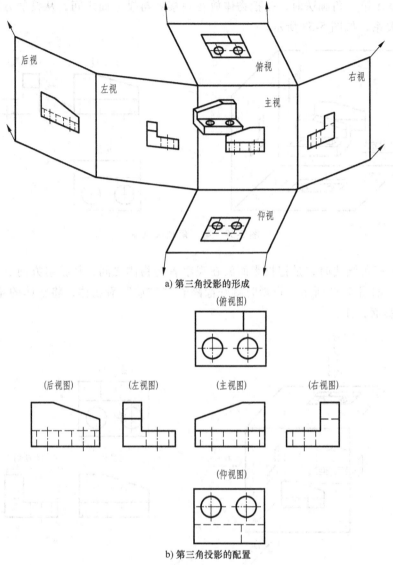

a) 第三角投影的形成

(俯视图)

(后视图)　　　　(左视图)　　　　(主视图)　　　　(右视图)

(仰视图)

b) 第三角投影的配置

图 5-60　第三角画法投影面展开及视图的配置

## 四、第一角和第三角画法的识别符号

绘图时，可以采用第一角画法，也可以采用第三角画法。为了区分这两种画法，在标题栏中专设的格内用规定的识别符号表示。国标规定的识别符号如图 5-61 所示。当采用第一角画法时，可以省略标注。

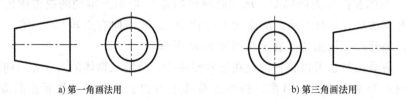

a)第一角画法用　　　　　　　　　　　　b)第三角画法用

图 5-61　两种画法的识别符号

# 第六章

# 标准件和常用件的规定画法

工程中一些被大量采用的零件，如螺栓、螺钉、螺母、垫圈、键等，为了便于批量生产，国家标准将其结构、尺寸规格、画法、标记等都进行了标准化，这样的零件称为标准件。有些零件将部分重要的参数进行了标准化，如齿轮等，称为常用件。这些零件在绘制时，其标准化的部分不需要按照实际结构绘制，只需按照国家标准规定的简易方法绘制即可。本章将介绍常见的标准件、常用件的规定画法以及标注。

## 第一节 螺 纹

螺纹是机械产品中最为常见的一种结构，主要用于零件间的连接以及运动和动力的传递。

### 一、螺纹的基本知识

#### 1. 螺纹的形成及加工方法

螺纹是在圆柱（或圆锥）表面上，沿着螺旋线所形成的具有相同断面的连续凸起和沟槽。螺纹分为外螺纹和内螺纹两种，通常成对使用。在回转体外表面上加工的螺纹称为外螺纹，在回转体内表面（孔）上加工的螺纹称为内螺纹，如图 6-1 所示。

螺纹通常是车削加工而成的，如图 6-2 所示。将工件卡在车床卡盘上作等速旋转运动，车刀沿着工件轴线作等速直线移动，两种运动的合成使得切入工件的刀尖在工件上加工出螺纹。

图 6-1 外螺纹和内螺纹

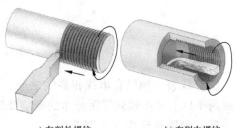

a) 车削外螺纹        b) 车削内螺纹

图 6-2 车削螺纹

#### 2. 螺纹的基本要素

（1）牙型 在通过螺纹轴线的剖面上，螺纹的轮廓形状称为牙型。常见的螺纹牙型有三角形（见图 6-3a、b）、梯形、锯齿形等，如图 6-3 所示。常用的螺钉、螺母等紧固件采用的是牙型角为 60°的普通螺纹。

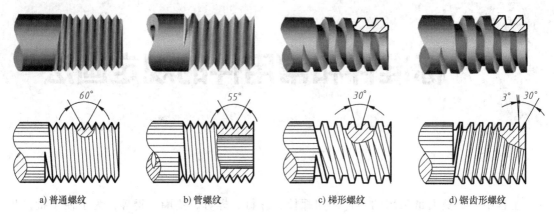

| a) 普通螺纹 | b) 管螺纹 | c) 梯形螺纹 | d) 锯齿形螺纹 |

图 6-3　螺纹牙型

（2）直径　螺纹的直径有大径、小径和中径（见图 6-4）。其中，大径为公称直径。

1）大径。螺纹的最大直径，是与外螺纹牙顶或内螺纹牙底相切的假想圆柱或圆锥的直径。外、内螺纹的大径分别用 $d$ 和 $D$ 表示。

2）小径。螺纹的最小直径，是与外螺纹牙底或内螺纹牙顶相切的假想圆柱或圆锥的直径。外、内螺纹的小径分别用 $d_1$ 和 $D_1$ 表示。

内螺纹的小径 $D_1$ 和外螺纹的大径 $d$ 统称为顶径，内螺纹的大径 $D$ 和外螺纹的小径 $d_1$ 统称为底径。

3）中径。一个假想圆柱或圆锥的直径。该圆柱（或圆锥）母线通过圆柱（或圆锥）螺纹牙型上牙厚与牙槽宽相等的地方。外、内螺纹的中径分别用 $d_2$ 和 $D_2$ 表示。

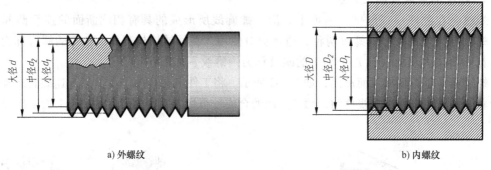

| a) 外螺纹 | b) 内螺纹 |

图 6-4　螺纹要素

（3）线数　螺纹有单线和多线之分。沿一条螺旋线所形成的螺纹称为单线螺纹，沿两条或两条以上并在轴向等距分布的螺旋线形成的螺纹称为多线螺纹，如图 6-5 所示。

（4）螺距和导程（见图 6-5）

1）螺距（$P$）。在中径线上，相邻两牙体对应牙侧两点间的轴向距离称为螺距。

2）导程（$P_h$）。同一条螺旋线上，相邻两牙体在中径线上对应牙侧两点间的轴向距离称为导程。

线数 $n$、螺距 $P$ 和导程 $P_h$ 之间的关系为：导程（$P_h$）= 螺距（$P$）×线数（$n$）

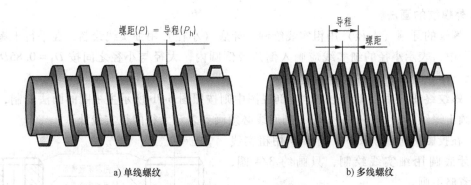

a) 单线螺纹 　　　　　　　　　　　　　　b) 多线螺纹

图 6-5　螺纹线数、螺距和导程

（5）旋向　螺纹旋向分为右旋和左旋两种。按顺时针方向旋入的螺纹称为右旋螺纹，按逆时针方向旋入的螺纹称为左旋螺纹。螺纹旋向可以用一个简单的方法来判别：当螺纹轴线处于竖直位置时，螺纹可见部分左高右低者为左旋螺纹，右高左低者为右旋螺纹，如图 6-6 所示。工程上常用的是右旋螺纹。

a) 左旋 　　　　　　　　　　　　　　　　　b) 右旋

图 6-6　螺纹的旋向

### 3. 螺纹分类

螺纹按用途可分为连接螺纹和传动螺纹。常见标准螺纹的种类、特征代号及用途等见表 6-1。

表 6-1　常见标准螺纹

| 螺纹种类 | | | 特征代号 | 用途 |
|---|---|---|---|---|
| 连接螺纹 | 普通螺纹 | 粗牙 | M | 最常用的连接螺纹 |
| | | 细牙 | | 用于细小的精密零件或薄壁零件 |
| | 非密封管螺纹 | | G | 用于水管、油管、气管等一般低压管路的连接 |
| 传动螺纹 | 梯形螺纹 | | Tr | 用于机床的丝杠等，可双方向传递动力 |
| | 锯齿形螺纹 | | B | 只能传递单方向的动力 |

## 二、螺纹的规定画法

为方便作图，国家标准规定了螺纹的简化画法。

### 1. 外螺纹的画法

1）螺纹的牙顶（大径）用粗实线绘制，牙底（小径）用细实线绘制，在平行于螺纹轴线的视图中，表示小径的细实线应画入倒角或倒圆内，大径与小径之间按 $D_1 = 0.85D$ 的关系画出。

2）螺纹终止线用粗实线绘制，在剖视图中则按照图 6-7b 所示主视图的画法绘制，即终止线只画出螺纹牙型高度的一小段，剖面线必须画到表示大径的粗实线处。

3）在投影为圆的视图中，牙顶圆用粗实线绘制，牙底圆用细实线绘制，只画约 3/4 圈，倒角圆省略不画。

外螺纹的画法如图 6-7 所示。

### 2. 内螺纹的画法

在内螺纹孔的剖视图中，按以下规定绘制。

1）螺纹的牙顶（小径）和终止线用粗实线绘制，牙底（大径）用细实线绘制。在平行于螺纹轴线的视图中，剖面线应画到表示牙顶的粗实线处，大径与小径之间按 $D_1 = 0.85D$ 的关系画出。

2）在投影为圆的视图中，牙顶圆用粗实线绘制，牙底圆用细实线绘制，只画约 3/4 圈，倒角圆省略不画。

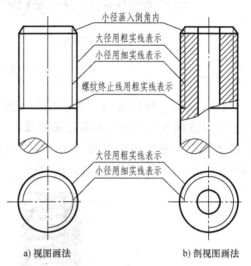

a) 视图画法      b) 剖视图画法

图 6-7　外螺纹的画法

3）绘制不通的螺纹孔时，应分别画出钻孔深度 $H$ 和螺纹深度 $L$，通常有 $H>L$ 且按 $H-L \approx 0.5D$ 来绘制。钻孔末端锥角应按 $120°$ 绘制。

内螺纹的画法如图 6-8 所示。

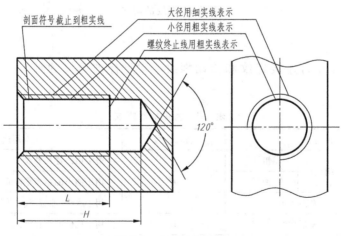

图 6-8　内螺纹的画法

### 3. 内、外螺纹连接画法

内、外螺纹连接时，通常按剖视图绘制，如图 6-9 所示。

1）内、外螺纹旋合部分应按外螺纹的画法绘制，其余部分仍按照各自的规定画法绘制。注意：表示内、外螺纹的大小径的粗实线和细实线应分别对齐，剖面线均应画到粗实线处。

2）当剖切平面通过实心螺杆轴线时，实心杆按不剖绘制。

3）在内、外螺纹连接图中，同一零件在各个剖视图中剖面线的方向和间隔应一致，在同一剖视图中相邻两个零件剖面线的方向或间隔应不同。

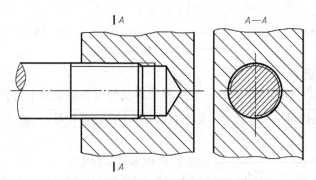

图 6-9　内、外螺纹连接画法

## 三、螺纹的标注

各种螺纹都按同一规定画法绘制，其图形无法表达螺纹的种类和结构要素，因此，国家标准规定了螺纹的标记方法，以区分不同种类的螺纹。

### 1. 普通螺纹的标记

国家标准（GB/T 197—2018）规定普通螺纹的完整标记由五部分组成，即：

$$\boxed{螺纹特征代号}\;\boxed{尺寸代号}—\boxed{公差带代号}—\boxed{旋合长度代号}—\boxed{旋向代号}$$

例如：

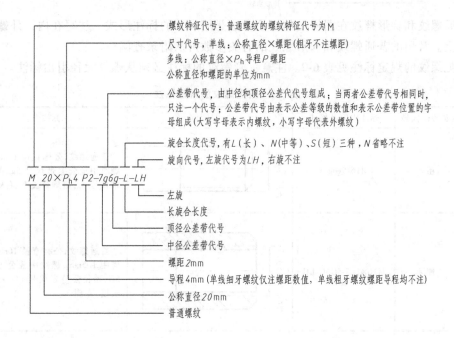

### 2. 管螺纹标记

管螺纹的完整标记由四部分组成，即：

$$\boxed{\text{螺纹特征代号}}\ \boxed{\text{尺寸代号}}\ \boxed{\text{公差带代号}}\ \boxed{\text{旋向代号}}$$

例如：

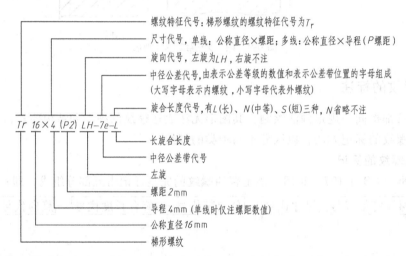

螺纹特征代号 ——— G 1½ A

- 公差等级代号(外螺纹分A和B两种；内螺纹只有一种，不注)
- 尺寸代号(无单位)

### 3. 梯形螺纹标记

国家标准（GB/T 5796.4—2022）规定梯形螺纹的完整标记由五部分组成，即：

$$\boxed{\text{螺纹特征代号}}\ \boxed{\text{尺寸代号}}\ \boxed{\text{旋向代号}}—\boxed{\text{中径公差代号}}—\boxed{\text{旋合长度代号}}$$

例如：

Tr 16×4 (P2) LH-7e-L

- 螺纹特征代号：梯形螺纹的螺纹特征代号为Tr
- 尺寸代号，单线：公称直径×螺距；多线：公称直径×导程（P螺距）
- 旋向代号，左旋为LH，右旋不注
- 中径公差代号，由表示公差等级的数值和表示公差带位置的字母组成（大写字母表示内螺纹，小写字母代表外螺纹）
- 旋合长度代号，有L(长)、N(中等)、S(短)三种，N省略不注
- 长旋合长度
- 中径公差带号
- 左旋
- 螺距2mm
- 导程4mm（单线时仅注螺距数值）
- 公称直径16mm
- 梯形螺纹

普通螺纹和梯形螺纹在图样上的标注方法是用尺寸的标注形式，注写在内、外螺纹的公称直径上。常用的普通螺纹和梯形螺纹的有关参数可从附录查阅。

常见螺纹的规定标注见表6-2。注意：管螺纹的标注必须从螺纹大径引出标注。

**表6-2 常见螺纹的规定标注**

| 螺纹种类及特征代号 | | 标注内容及格式 | 标注图例 | 标注含义 |
|---|---|---|---|---|
| 普通螺纹（M） | 粗牙 | M16-5g6g-S | M16-5g6g-S | 普通螺纹，公称直径 16mm，粗牙，螺纹中径公差带代号 5g，顶径公差带代号 6g，短旋合长度，右旋 |
| | 细牙 | M16×1.5-5G6G-LH | M16×1.5-5G6G-LH | 普通螺纹，公称直径16mm，细牙，螺距 1.5mm，螺纹中径公差带代号5G，顶径公差带代号 6G，中等旋合长度，左旋 |

（续）

| 螺纹种类及特征代号 | | 标注内容及格式 | 标注图例 | 标注含义 |
|---|---|---|---|---|
| 梯形螺纹（Tr） | | Tr40×7-7e | $Tr40\times7-7e$ | 梯形螺纹，公称直径 40mm，螺距 7mm，右旋，中径公差带代号 7e，中等旋合长度 |
| 管螺纹 | 非密封（G） | G 1/2 | G1/2 | 55°非密封管螺纹，尺寸代号 1/2，内螺纹公差等级代号只有一种，不注 |
| | 密封（$R_1$，$R_2$，Rp，Rc） | Rc 3/4 | Rc3/4 | 55°密封管螺纹，尺寸代号 3/4，内螺纹公差等级代号只有一种，不注<br>$R_1$ 表示圆柱外螺纹；$R_2$ 表示圆锥外螺纹<br>Rp 表示圆柱内螺纹；Rc 表示圆锥内螺纹 |
| 锯齿形螺纹（B） | | B32×6LH-7e | $B32\times6LH-7e$ | 锯齿形螺纹，公称直径 32mm，单线，螺距 6mm，左旋，中径公差带代号 7e，中等旋合长度 |

# 第二节　螺纹紧固件

## 一、螺纹紧固件

通过内、外螺纹旋合，起连接紧固作用的零件，统称为螺纹紧固件。常用的螺纹紧固件有螺栓、螺柱、螺钉、螺母和垫圈等，如图 6-10 所示。由于螺纹紧固件的结构形式和尺寸

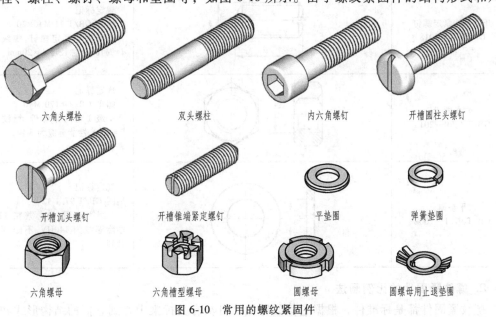

| 六角头螺栓 | 双头螺柱 | 内六角螺钉 | 开槽圆柱头螺钉 |
|---|---|---|---|

| 开槽沉头螺钉 | 开槽锥端紧定螺钉 | 平垫圈 | 弹簧垫圈 |
|---|---|---|---|

| 六角螺母 | 六角槽型螺母 | 圆螺母 | 圆螺母用止退垫圈 |
|---|---|---|---|

图 6-10　常用的螺纹紧固件

都已标准化，故又称为标准件。

**1. 螺纹紧固件的标记**

表 6-3 所列为常用螺纹紧固件的规定标记，需要时可由标记从标准（见附录中的相关附表）中查得各部分尺寸。

表 6-3　常用螺纹紧固件的规定标记

| 名称及标准 | 图　例 | 简化标记及说明 |
|---|---|---|
| 六角头螺栓 A 级和 B 级<br>GB/T 5782—2016 | M10<br>50 | 规定标记<br>螺栓 GB/T 5782 M10×50<br>A 级六角头螺栓，螺纹规格 $d=$ M10，公称长度 $L=50$mm |
| 双头螺柱<br>GB/T 897～900—1988 | M10<br>10　40 | 规定标记<br>螺柱 GB/T 897 M10×40<br>双头螺柱，螺纹规格 $d=$M10，公称长度 $L=40$mm |
| 开槽圆柱头螺钉<br>GB/T 65—2016 | M10<br>50 | 规定标记<br>螺钉 GB/T 65 M10×50<br>开槽圆柱头螺钉，螺纹规格 $d=$ M10，公称长度 $L=50$mm |
| 开槽沉头螺钉<br>GB/T 68—2016 | M10<br>40 | 规定标记<br>螺钉 GB/T 68 M10×40<br>开槽沉头螺钉，螺纹规格 $d=$ M10，公称长度 $L=40$mm |
| 开槽锥端紧定螺钉<br>GB/T 71—2018 | M10<br>20 | 规定标记<br>螺钉 GB/T 71 M10×20<br>开槽锥端紧定螺钉，螺纹规格 $d=$M10，公称长度 $L=20$mm |
| 六角螺母<br>GB/T 6170—2015 | M10 | 规定标记<br>螺母 GB/T 6170 M10<br>A 级 I 型六角螺母，螺纹规格 $D=$M10，性能等级为 8 级，不经过表面处理 |
| 平垫圈<br>GB/T 97.1—2002 | $\phi13$ | 规定标记<br>垫圈 GB/T 97.1 12<br>A 级平垫圈，公称规格 12mm，性能等级为 140HV，不经过表面处理 |

**2. 螺纹紧固件的比例画法**

螺纹紧固件都是标准件，根据它们的标记，可从有关标准中查到它们的结构形式和全部尺寸，然后按规定画出。但为了绘图方便，绘图时通常并不按照实际尺寸绘图，而是根据螺纹的公称直径 $d$ 按一定比例绘制，表 6-4 所列为螺栓、螺母、垫圈及螺柱的比例画法。表中绘制螺柱时，旋入端长度 $b_m$ 由被连接件的材料决定，对于钢与青铜：$b_m = d$（GB/T 897—1988）；铸铁：$b_m = 1.25d$（GB/T 898—1988）；材料强度介于铸铁和铝之间：$b_m = 1.5d$（GB/T 899—1988）；铝合金：$b_m = 2d$（GB/T 900—1988）。

表 6-4　螺栓、螺母、垫圈及螺柱的比例画法

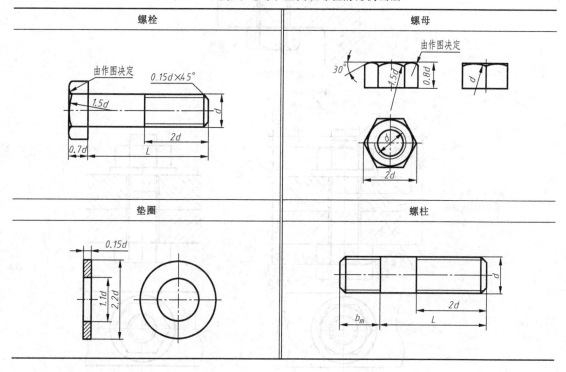

## 二、螺纹紧固件的装配画法

螺纹紧固件的连接方式通常有螺栓连接、螺柱连接和螺钉连接三种。画连接装配图时，应遵守下列规定。

1）两个机件的接触面只画一条线；对于不接触面，为了表示两个机件间存在间隙，画两条线；被遮住的轮廓线不画。

2）当剖切平面通过螺纹紧固件的轴线时，这些螺纹紧固件均按未剖切绘制；螺纹紧固件的工艺结构，如倒角、退刀槽、凸肩等均可省略不画。

3）在剖视图中，相邻机件的剖面线方向应相反或者同向而间隔不同，且同一机件在各剖视图中的剖面线方向和间隔必须保持一致。

4）不穿通的螺纹孔可不画出钻孔深度，仅按有效螺纹部分的深度画出。

### 1. 螺栓连接的画法

螺栓主要用于连接两个不太厚并能够钻成通孔的零件，配套使用的螺纹紧固件通常有螺栓、螺母和垫圈。先在被连接件上钻通孔，直径约为 $1.1d$（$d$ 为螺栓公称直径），再将螺栓插入孔中，最后在螺栓的另一端装上垫圈，拧紧螺母，完成螺栓连接，如图 6-11 所示。

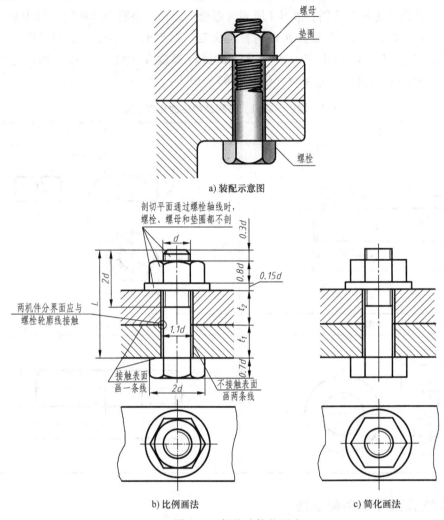

a) 装配示意图

b) 比例画法　　　　　　　　c) 简化画法

图 6-11　螺纹连接的画法

螺栓公称长度 $L$ 可按下式计算

$$L \geqslant t_1 + t_2 + 0.15d(垫圈厚) + 0.8d(螺母厚) + 0.3d(螺栓末端伸出长度)$$

式中，$t_1$、$t_2$ 分别是两连接件厚度。计算出 $L$ 后还需从螺栓的标准长度系列中选取与 $L$ 相近的标准值。

**2. 双头螺柱连接的画法**

当两个被连接件中有一个较厚，或者不允许钻成通孔而难于采用螺栓连接，或者因拆装频繁而不宜采用螺钉连接时，可采用双头螺柱连接，如图 6-12 所示。连接前，先在较厚的零件上加工出螺纹孔，在较薄的零件上加工出直径约为 $1.1d$（$d$ 为螺柱公称直径）的通孔。连接时，将双头螺柱的一端（旋入端）全部旋入较厚零件的螺纹孔中，再将通孔零件穿过螺纹的另一端（紧固端），然后套上垫圈，拧紧螺母，即完成了两个零件的双头螺柱连接。

螺柱公称长度 $L$ 可按下式计算

$$L \geqslant t_1 + 0.15d(垫圈厚) + 0.8d(螺母厚) + 0.3d(螺柱末端伸出长度)$$

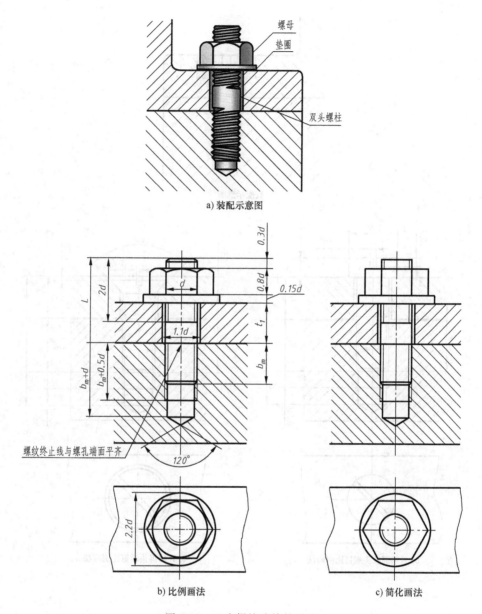

a) 装配示意图

b) 比例画法                    c) 简化画法

图 6-12 双头螺柱连接的画法

式中，$t_1$ 是制成通孔的连接件厚度。计算出 $L$ 后还需从螺柱的标准长度系列中选取与 $L$ 相近的标准值。

螺柱连接图中，上半部分同螺栓，下半部分同螺钉。但是螺柱连接时，旋入端的螺纹应全部旋入零件的螺纹孔内，与被连接件拧紧，因此图中螺纹终止线应与两零件的结合面对齐。

### 3. 螺钉连接的画法

螺钉可分为连接螺钉和紧定螺钉，前者用于连接零件，后者主要用于固定零件。连接螺钉一般用于受力不大且又不需要经常拆卸的场合。较厚的零件加工出螺纹孔，较薄的零件加工出通孔，如图 6-13 所示。

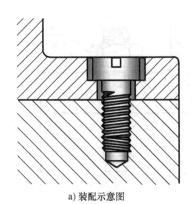

a) 装配示意图

b) 开槽圆柱头螺钉比例画法

c) 开槽沉头螺钉比例画法

图 6-13　螺钉连接的画法

螺钉公称长度 $L$ 可按下式计算

$$L \geqslant t_1 + b_m$$

式中，$t_1$ 是制成通孔的连接件厚度（mm）；$b_m$ 是螺钉旋入端长度（mm）。计算出 $L$ 后还需从螺钉的标准长度系列中选取与 $L$ 相近的标准值。

画螺钉连接图时应注意以下两点。

1）螺钉的螺纹终止线不能与两零件的结合面平齐，而是画在螺纹的孔口之上，表示螺钉有拧紧的余地。

2）具有直槽的螺钉头部，在主视图中应被放正，在俯视图中应画成与水平方向成 45°的倾斜方向。

## 第三节　键　和　销

键和销都是标准件，键连接和销连接是工程上常用的可拆连接。

### 一、键连接

键有单键和花键两种，主要用于连接轴及轴上的传动零件，如齿轮、带轮、联轴器等，起传递转矩的目的，如图 6-14 所示。

#### 1. 常见单键的种类、画法及标记

单键的种类有很多，常用的有普通平键、半圆键和钩头楔键三种，如图 6-15 所示。常用单键的形式、画法及标记见表 6-5，其尺寸与公差可查附录中的相关附表。

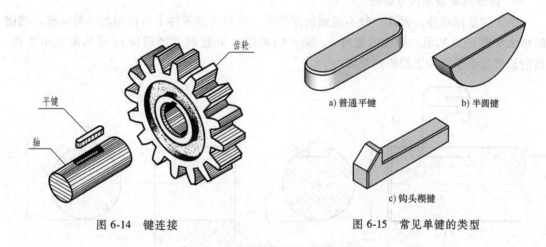

齿轮

平键

轴

a) 普通平键　　b) 半圆键

c) 钩头楔键

图 6-14　键连接　　　　　　　　　图 6-15　常见单键的类型

表 6-5　常用单键的形式、画法及标记

| 名称 | 图例 | 标记示例 |
|---|---|---|
| 普通平键 | （图例：$A$、$h$、$A$、$A—A$、$s$、$b$、$L$） | $b=16\text{mm}$、$h=10\text{mm}$、$L=50\text{mm}$ 普通 A 型平键标记为<br>GB/T 1096 键 16×10×50 |
| 半圆键 | （图例：$D$、$b$、$h$、$s$） | $b=6\text{mm}$、$h=10\text{mm}$、$D=25\text{mm}$ 半圆键标记为<br>GB/T 1099.1 键 6×10×25 |

（续）

| 名称 | 图例 | 标记示例 |
|------|------|---------|
| 钩头楔键 | 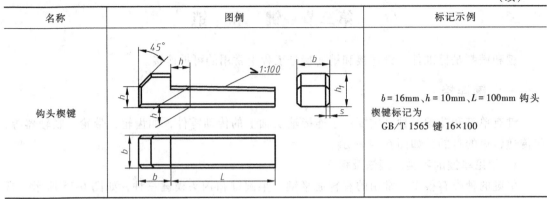 | $b = 16mm$、$h = 10mm$、$L = 100mm$ 钩头楔键标记为<br>GB/T 1565 键 16×100 |

### 2. 键槽的画法及尺寸标注

由于键是标准件，因此一般不需画出零件图，但要画出零件上与键相配合的键槽。键槽的画法如图 6-16 所示。键槽的宽度 $b$、轴上的槽深 $t_1$ 和轮毂上的槽深 $t_2$ 可从附录中查得，键的长度应小于或等于轮毂的长度。

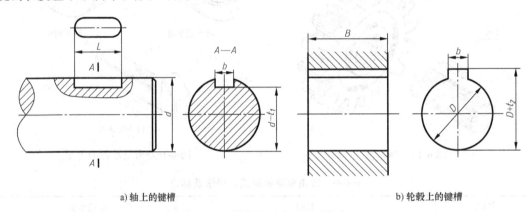

a) 轴上的键槽          b) 轮毂上的键槽

图 6-16　键槽的画法及尺寸标注

### 3. 键连接装配图的画法

将键与带键槽的轴和轮毂装配好以后，键的一部分嵌在键槽内，另一部分嵌在轮毂的键槽中，这样就可以保证轴和轮毂一起转动。

画装配图时，首先要根据轴径和键的类型查出键的尺寸 $b$ 和 $h$、半圆键的直径、轴和轮毂上的键槽尺寸、键的标准长度等。

（1）普通平键连接画法　键的前后两个侧面为工作表面，而上下底面为非工作表面。在装配图中，键的侧面及下底面和轴的相应表面接触，而键的上面和轮毂上的键槽顶面之间应有间隙，如图 6-17 所示。

在键连接装配图中，当剖切平面通过键的纵向对称面时，键按不

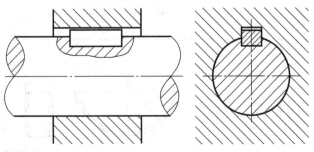

图 6-17　普通平键连接装配图

剖绘制，当剖切面通过键的横向对称面时，键的断面要画剖面线。

（2）半圆键的连接画法　键的前后侧面为工作表面，而上下底面为非工作表面。在装配图中，键与轴的键槽底面及两侧面接触，而键的上面和轮毂上的键槽顶面之间应有间隙，如图6-18所示。

（3）钩头楔键的连接画法　键的上下底面为工作表面，而前后两侧面为非工作表面。在装配图中，键的上下底面和轴、轮毂上的相应表面接触，而键的两侧面和键槽的两侧面之间应有间隙，如图6-19所示。

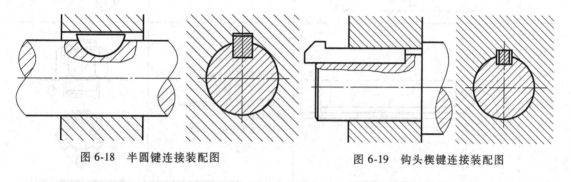

图6-18　半圆键连接装配图　　　　　图6-19　钩头楔键连接装配图

## 二、销连接

销主要用于机器零件之间的连接或定位，但连接时，只能传递较小的转矩。

销是标准件，常用的销有圆柱销、圆锥销和开口销，如图6-20所示。国家标准对销的结构形式、大小和标记都作了相关规定，其各部分尺寸可根据公称直径和标准编号查附录。常用销的形式、标记及连接画法见表6-6。

a) 圆柱销　　　　　　　b) 圆锥销　　　　　　　c) 开口销

图6-20　常用的销

表6-6　常用销的形式、标记及连接画法

| 名称 | 图例 | 标记示例 | 连接画法 |
|---|---|---|---|
| 圆柱销 | ≈15°  $l$  $c$  $c$  $d$ | 公称直径 $d = 6$mm，公差带为m6，公称长度 $l = 30$mm，材料为钢、不经过淬火、不经过表面处理的圆柱销标记为<br>销　GB/T 119.1　6m6×30 | |

（续）

| 名称 | 图例 | 标记示例 | 连接画法 |
|---|---|---|---|
| 圆锥销 | 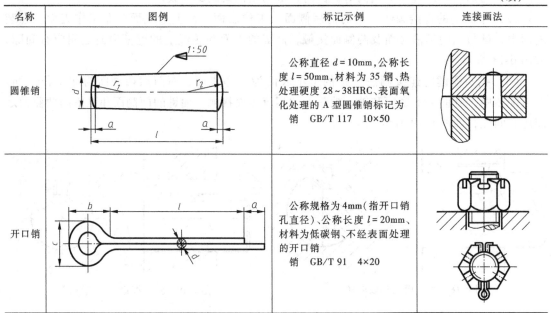 | 公称直径 $d=10$mm，公称长度 $l=50$mm，材料为 35 钢、热处理硬度 28~38HRC、表面氧化处理的 A 型圆锥销标记为<br>销 GB/T 117 10×50 | |
| 开口销 | | 公称规格为 4mm（指开口销孔直径）、公称长度 $l=20$mm、材料为低碳钢、不经表面处理的开口销<br>销 GB/T 91 4×20 | |

销作为实心件，当剖切平面通过销的轴线剖切时，仍按外形画出；垂直于销的轴线剖切时，应画上剖面符号。画轴上的销连接时，轴常采用局部剖，以表示销和轴之间的配合关系。

# 第四节 齿 轮

齿轮是机械传动中广泛使用的零件，一般成对使用。齿轮的作用主要是用于传递转矩、改变速度和传动方向。根据两轴的相对位置，齿轮可分为以下三种：

1）圆柱齿轮：用于两平行轴之间的传动，如图 6-21a、b 所示。

2）圆锥齿轮：用于两相交轴之间的传动，如图 6-21c 所示。

3）蜗轮蜗杆：用于两垂直交叉轴之间的传动，如图 6-21d 所示。

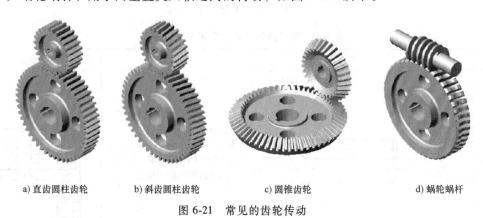

a) 直齿圆柱齿轮　　b) 斜齿圆柱齿轮　　c) 圆锥齿轮　　d) 蜗轮蜗杆

图 6-21　常见的齿轮传动

圆柱齿轮的轮齿有直齿、斜齿和人字齿三种，轮齿又分为标准齿和非标准齿。采用标准参数的齿轮称为标准齿轮。这里主要介绍标准直齿圆柱齿轮的相关知识和规定画法。

## 一、直齿圆柱齿轮各部分名称及几何尺寸的计算

### 1. 齿轮各部分名称、基本参数及代号

如图 6-22 所示为直齿圆柱齿轮及齿轮啮合的示意图，图中各部分的名称和代号解释如下。

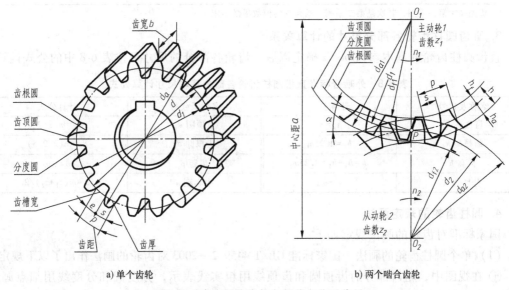

a) 单个齿轮　　　　　　　b) 两个啮合齿轮

图 6-22　直齿圆柱齿轮各部分名称及代号

1）齿顶圆：通过轮齿顶部的圆，其直径用 $d_a$ 表示。

2）齿根圆：通过轮齿根部的圆，其直径用 $d_f$ 表示。

3）分度圆：在齿顶圆与齿根圆之间的一个假想圆，其直径用 $d$ 表示。对于标准齿轮，此圆上的齿厚 $s$ 与齿槽宽 $e$ 相等。

4）齿高：齿顶圆与齿根圆之间的径向距离，用 $h$ 表示，$h = h_a + h_f$。

① 齿顶高：齿顶圆与分度圆之间的径向距离，用 $h_a$ 表示。

② 齿根高：齿根圆与分度圆之间的径向距离，用 $h_f$ 表示。

5）齿距：分度圆上相邻两齿廓对应点之间的弧长，用 $p$ 表示。齿距 $p$ 由齿厚 $s$ 和齿槽宽 $e$ 组成。在标准齿轮中，$s = e$，即有 $p = s + e = 2s = 2e$。

① 齿厚：一个齿廓在分度圆上的弧长，用 $s$ 表示。

② 齿槽宽：分度圆上两相邻轮齿之间的弧长，用 $e$ 表示。

6）中心距：两啮合齿轮轴线之间的距离，用 $a$ 表示。

### 2. 齿轮的基本参数及代号

1）齿数：齿轮轮齿的数目，用 $z$ 表示。

2）模数：由于分度圆周长 $= pz = \pi d$，所以 $d = pz/\pi$，令 $m = p/\pi$，则 $d = mz$，式中 $m$ 称为齿轮的模数，模数等于齿距 $p$ 与圆周率 $\pi$ 的比值。因为两啮合齿轮的齿距 $p$ 必须相等，所以它们的模数也必须相等。

模数是设计、制造齿轮的重要参数。模数 $m$ 增大，则齿距也增大，齿厚也随之增大，

因此齿轮的承载能力增大。不同模数的齿轮需要用不同模数的刀具来加工。为方便齿轮的设计与制造，减少齿轮成形刀具的规格及数量，国家标准对模数的数值进行了标准化，见表6-7。

表6-7 渐开线圆柱齿轮标准模数（GB/T 1357—2008）　　　　（单位：mm）

| 第一系列 | 1,1.25,1.5,2,2.5,3,4,5,6,8,10,12,16,20,25,32,40,50 |
|---|---|
| 第二系列 | 1.125,1.375,1.75,2.25,2.75,3.5,4.5,5,(6.5),7,9,11,14,18,22,28,36,45 |

注：优先采用第一系列，其次是第二系列，括号内的模数尽量不用。

### 3. 直齿圆柱齿轮各部分尺寸的计算关系

直齿圆柱齿轮的基本参数 $m$、$z$ 确定以后，齿轮各部分的尺寸可按表6-8中的公式计算。

表6-8 外啮合标准直齿圆柱齿轮各部分基本尺寸计算公式

| 名称及代号 | 计算公式 | 名称及代号 | 计算公式 |
|---|---|---|---|
| 齿顶高 $h_a$ | $h_a = m$ | 齿顶圆 $d_a$ | $d_a = m(z+2)$ |
| 齿根高 $h_f$ | $h_f = 1.25m$ | 齿根圆 $d_f$ | $d_f = m(z-2.5)$ |
| 齿高 $h$ | $h = h_a + h_f = 2.25m$ | 齿距 $p$ | $p = \pi m$ |
| 分度圆 $d$ | $d = mz$ | 中心距 $a$ | $a = m(z_1+z_2)/2$ |

### 4. 圆柱齿轮的规定画法

国家标准对齿轮的画法规定如下：

（1）单个圆柱齿轮的画法　国家标准 GB/T 4459.2—2003 对齿轮的画法作出了以下规定：

① 在视图中，轮齿部分的齿顶圆和齿顶线用粗实线表示，分度圆和分度线用细点画线表示（分度线应超出轮廓 2~3mm），齿根圆和齿根线用细实线表示，或者省略不画，如图 6-23a、b 所示。

② 在剖视图中，齿根线用粗实线绘制，不能省略，当剖切平面通过齿轮轴线时，轮齿一律按不剖绘制，其余结构按真实投影绘制，如图 6-23c 所示。

③ 当需要表示斜齿或人字齿的齿线方向时，用三条与齿线方向一致的细实线表示，如图 6-23d、e 所示。

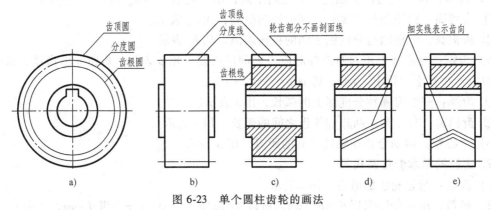

图6-23 单个圆柱齿轮的画法

图 6-24 为某单个齿轮的零件图表达。绘制齿轮时，齿轮的轮齿部分必须采用上述的规定画法，但轮毂结构应按照实际结构绘制。从零件图中可以看出，该齿轮在轮毂处的结构与图 6-23 有所不同，与图 6-21 轮毂结构类似。

在零件图中出现的一些技术要求，将在下一章介绍。

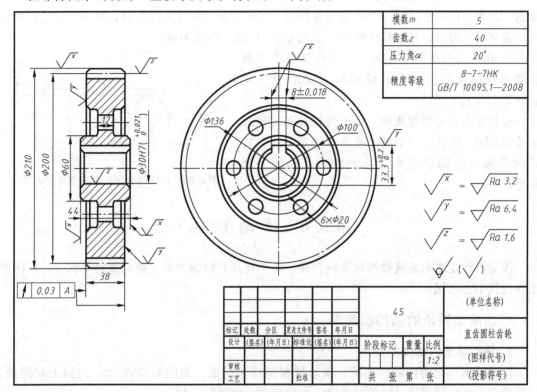

| 模数m | 5 |
|---|---|
| 齿数z | 40 |
| 压力角α | 20° |
| 精度等级 | 8-7-7HK<br>GB/T 10095.1—2008 |

图 6-24　直齿圆柱齿轮图

（2）圆柱齿轮啮合的画法　两标准圆柱齿轮相互啮合时，两齿轮分度圆处于相切位置，此时分度圆又称为节圆。两个齿轮啮合的画法关键是啮合区的画法，其他部分仍按单个齿轮的规定画法绘制。

① 在投影为圆的视图中，两个齿轮的节圆相切。啮合区内的齿顶圆均用粗实线绘制（见图 6-25b）或者省略不画（见图 6-25c）。

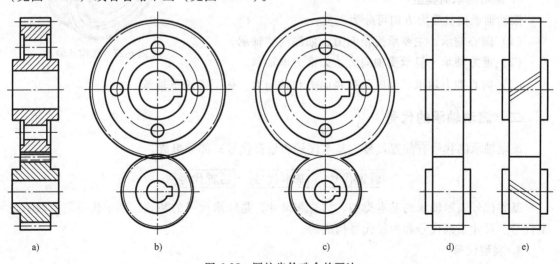

图 6-25　圆柱齿轮啮合的画法

② 在投影为非圆的剖视图中，两个齿轮的节线重合，用点画线绘制。齿根线用粗实线绘制。齿顶线的画法是将一个齿轮的齿顶线作为可见部分用粗实线绘制，另一个齿轮的齿顶线作为被遮住部分，用细虚线绘制（见图 6-25a）或者省略不画。

③ 在非圆投影的外形图中，啮合区的齿顶线和齿根线也可不绘出，节线用粗实线绘制（见图 6-25d、e）。

在齿轮啮合的剖视图中，由于齿根高和齿顶高相差 $0.25m$，因此，一个齿轮的齿顶线和另一个齿轮的齿根线之间应有 $0.25m$ 的间隙，如图 6-26 所示。

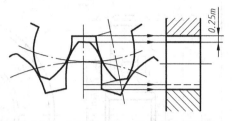

图 6-26　轮齿啮合区在剖视图中的画法

# 第五节　滚 动 轴 承

滚动轴承是支承旋转轴的标准组合件。由于它具有摩擦力小、结构紧凑等优点，广泛应用在现代工业领域。

## 一、滚动轴承的结构和类型

### 1. 滚动轴承的结构

滚动轴承一般由内圈、外圈、滚动体和保持架组成，如图 6-27 所示。内圈上有凹槽，以形成滚动体作圆周运动时的滚动道。在使用时，内圈装在轴上，随轴一起转动；外圈装在机体或轴承座内，一般固定不动；滚动体安装在内、外圈之间的滚动道中，其类型有球滚子、圆柱滚子和圆锥滚子等，当内圈转动时，滚动体在滚道内滚动；保持架将滚动体彼此隔开，避免滚动体相互接触，以减少摩擦与磨损。

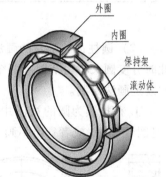

图 6-27　深沟球轴承

### 2. 滚动轴承的类型

滚动轴承按其受力方向可分为三类：

（1）向心轴承　主要承受径向力，如深沟球轴承。

（2）推力轴承　只承受轴向力，如推力球轴承。

（3）向心推力轴承　同时承受径向力和轴向力，如圆锥滚子轴承。

## 二、滚动轴承的代号

滚动轴承的代号有前置代号、基本代号和后置代号三部分组成。

前置代号　　基本代号　　后置代号

基本代号表示轴承的基本类型、结构和尺寸，是轴承代号的基础。基本代号是由轴承类型代号、尺寸系列代号和内径代号构成的。

### 1. 类型代号

滚动轴承的类型代号由阿拉伯数字或大写拉丁字母组成，其含义见表 6-9。

表 6-9　滚动轴承的类型代号

| 代号 | 轴承类型 | 代号 | 轴承类型 |
|---|---|---|---|
| 0 | 双列角接触球轴承 | 6 | 深沟球轴承 |
| 1 | 调心球轴承 | 7 | 角接触球轴承 |
| 2 | 调心滚子轴承和推力调心滚子轴承 | 8 | 推力圆柱滚子轴承 |
| 3 | 圆锥滚子轴承 | N | 圆柱滚子轴承，双列或多列用字母 NN 表示 |
| 4 | 双列深沟球轴承 | U | 外球面球轴承 |
| 5 | 推力球轴承 | QJ | 四点接触球轴承 |

### 2. 尺寸系列代号

滚动轴承的尺寸系列代号由轴承的宽度系列代号和直径系列代号组成，用两位阿拉伯数字来表示。当宽度系列代号为 0 时，省略不写。

### 3. 内径代号

滚动轴承的内径代号表示轴承的公称内径，一般用两位阿拉伯数字表示。

1）代号数字为 00、01、02、03 时，分别表示轴承内径 $d$ 为 10mm、12mm、15mm、17mm。

2）代号数字为 04~96 时，轴承内径 $d$ = 代号数字×5。

现以"滚动轴承 6208、31312"为例，说明其代号的含义。

```
6 2 08 -------- 规定标记为：滚动轴承6208  GB/T 276—2013
         内径代号：d=40mm
         尺寸系列代号(02)：宽度系列代号0省略，直径系列代号为2
         轴承类型代号：深沟球轴承

3 13 12 -------- 规定标记为：滚动轴承31312  GB/T 297—2015
         内径代号：d=60mm
         尺寸系列代号(13)：宽度系列代号为1，直径系列代号为3
         轴承类型代号：圆锥滚子轴承
```

滚动轴承的类型代号、尺寸系列代号和内径代号均可从相应标准中查取（见附录）。滚动轴承的画法见表 6-10。

表 6-10　滚动轴承的通用画法、特征画法和规定画法

| 名称和标准号 | 查表主要数据 | 画法 | | | 装配示意图 |
|---|---|---|---|---|---|
| | | 简化画法 | | 规定画法 | |
| | | 通用画法 | 特征画法 | | |
| 深沟球轴承（GB/T 276—2013） | $D$ $d$ $B$ | 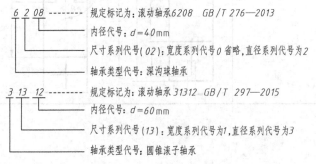 | | | |

（续）

| 名称和标准号 | 查表主要数据 | 画法 | | | 装配示意图 |
|---|---|---|---|---|---|
| | | 简化画法 | | 规定画法 | |
| | | 通用画法 | 特征画法 | | |
| 圆锥滚子轴承（GB/T 297—2015） | $D$ $d$ $B$ $T$ $C$ | | | | |
| 推力球轴承（GB/T 301—2015） | $D$ $d$ $T$ | | | | |

# 第七章

# 零 件 图

任何一台机器或部件都是由零件组合而成的，如图 7-1 所示的齿轮泵就是由多个零件组成的，主要包括左端盖、右端盖、长齿轮轴、短齿轮轴、螺塞、泵体、销子和螺钉等零件。零件是制造的最小单元。

表示单一零件的结构、大小及技术要求的图样称为零件图。零件图是企业内部进行零件加工、质量检验、安装的最重要的依据。从零件材质的选择、毛坯的确定、生产工序的安排、加工工艺的制订、刀具和夹具的选取、质量检验、零件安装到新零件的研制等，都要根据零件图来进行，因此零件图是企业设计部门提交给生产部门最重要的技术文件，在企业的生产中起着至关重要作用。

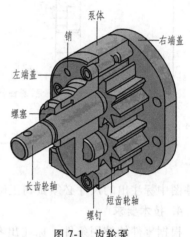

图 7-1 齿轮泵

## 第一节 零件图的组成

如图 7-2 所示为齿轮泵的右端盖，其零件图如图 7-3 所示。一张零件图一般由标题栏、一组视图、完整的尺寸、技术要求等组成。

### 1. 标题栏

提供了与零件有关的信息，包括零件的名称、采用的比例、零件的材质、零件的设计者、审核者等内容。国标规定的标题栏样式可参见第一章中图 1-3。

### 2. 一组视图

运用视图、剖视图、断面图、局部放大图等多种表达方法，正确、完整、清晰、简洁地表达出零件的内外结构和形状。在零件图中，除了必要的主视图，还应有其他基本视图，具体视图数量根据零件的复杂程度及所选择的表达方法确定。

### 3. 完整的尺寸

用来确定零件的形状和大小，指导零件的加工和尺寸检测。

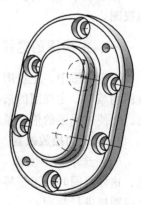

图 7-2 齿轮泵右端盖

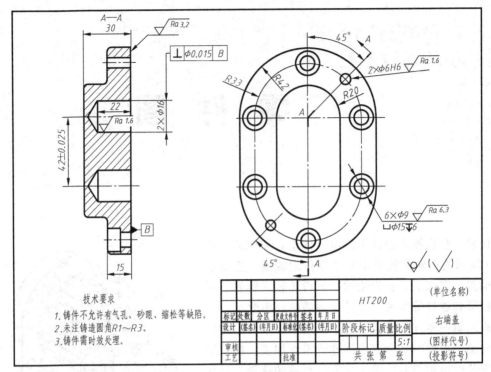

图 7-3　右端盖零件图

零件图中标注出的尺寸必须做到正确、齐全、合理和清晰。

### 4. 技术要求

根据零件的使用条件，标注出零件在毛坯选取、机械加工、尺寸公差与配合、几何公差、材料热处理、表面处理、检测等方面必须达到的要求。技术要求的内容往往根据国家标准中规定的符号、数字、字母和文字等标出。

# 第二节　零件的视图表达

在绘制零件图时，应先对零件进行结构分析，首先选定零件的主视图，再恰当地选择其他视图。

## 一、主视图的选择

在零件图中，主视图有着举足轻重的地位，主视图的选择直接影响到其他视图的选择和读图的难易。主视图的选择包括两个方面，即选取零件的合适摆放位置和选取最佳的投射方向，要使主视图的信息量最多，能够较为全面、真实地表达出零件的内外结构与形状。

### 1. 零件的摆放位置

（1）选取工作位置　主视图的位置，应尽可能与零件在机械或部件中的工作位置相一致，这样读图时便于把零件和整个机器联系起来，想象其工作情况，在装配时，也便于直接对照图样进行装配。

箱体类零件多采用此原则，如图 7-4 所示。箱体类零件在工作时，其下底面多为水平放置，故在选择主视图摆放位置时，多考虑使其下底面处于水平面。

（2）选取加工位置 以零件加工时的位置作为主视图，便于
零件加工者读懂视图和按视图进行加工、测量。对于工作位置不
易确定或按工作位置绘图不方便的零件，主视图一般按零件在机
械加工中所处的位置选取。

轴套类及轮盘类零件多采用此原则。轴套类及轮盘类零件多
为回转体结构，一般在车床上切削加工，其轴线往往水平放置，故
在选择主视图时，按其加工位置常使其轴线水平放置。如图 7-5 所
示的轴及齿轮轴，多按照其加工位置水平放置。

某些零件的工作、加工位置不固定，如叉架类、薄板类零件，就
要优先考虑结构形状、安放位置，还要考虑对其他视图的影响。

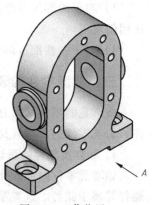
图 7-4 工作位置

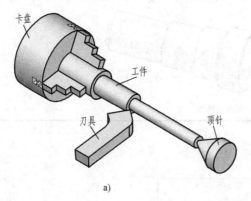

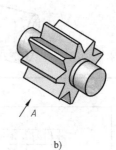

a) b)

图 7-5 加工位置原则

**2. 选取零件的投射方向**

在确定了零件的摆放位置后，方可进行主视图投射方向的选择。选择原则是要考虑形体
特征原则，即所选择的投射方向最能反映零件的内外结构特征。

如图 7-4 所示的泵体，从不同方向比较，$A$ 向最能反映泵体的形状特征，故主视图的投
射方向应选择 $A$ 向且与其大端面垂直。如图 7-5b 所示的短齿轮轴，当投射方向 $A$ 向与其轴
线垂直时，主视图真实地反映短齿轮轴的外观结构与形状，且使视图简单明了，故主视图的
投射方向选择 $A$ 向。

## 二、其他视图的选择

只通过一个主视图是很难把整个零件的结构形状表达完全的，因此，一般在选择好主视图
后，还应选择适当数量的其他视图与之配合，才能将零件的结构形状完整清晰地表达出来。

其他视图的选择原则是：配合主视图，在完整、清晰地表达出零件结构特征的前提下，
尽可能减少视图的数量，以便于绘图和读图。

选择其他视图时应注意以下问题。

1）根据零件的复杂程度和内外结构特点，有目的地选择其他视图，每个视图都应有明
确的表达内容和重点，各个视图应相互补充，表达内容应做到尽量不重复。

2）优先考虑选用基本视图，当有内部结构时尽量在基本视图上作剖视。

3）对于局部细节结构，可采用局部（剖）视图或局部放大图，对倾斜部分的结构，可选用斜视图。

4）对于一些细节部分或结构，尽可能采用简化画法、规定画法来表达。

## 三、典型零件的表达举例

将常见的零件结构分成四种类型：轴套类零件、轮盘类零件、叉架类零件、箱体类零件。每类零件的表达有共同之处，掌握相应零件的表达，可以做到举一反三、触类旁通。

### 1. 轴套类零件的表达

轴套类零件内部或外部结构多为回转体，轴向尺寸较大，径向尺寸较小，比如轴、杠、螺杆等属于此类。这类零件形状比较简单、规则，多数在车床和磨床上经车削和磨削等加工而成，加工时轴线保持水平，如图 7-6 所示轴的立体图及零件图。

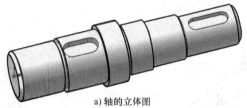

a) 轴的立体图

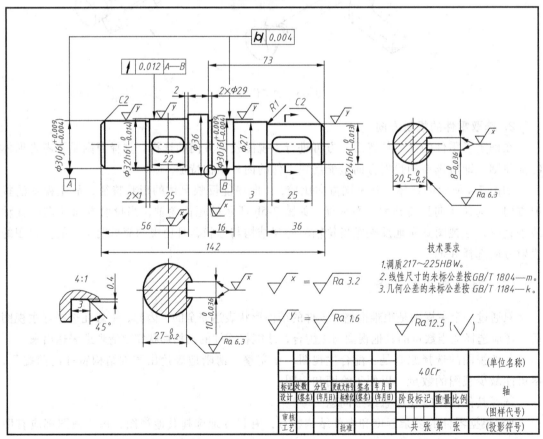

b) 轴的零件图

图 7-6　轴的立体图及零件图

　　这类零件一般起支承转动零件、传递动力的作用，因此，常带有键槽、轴肩、螺纹及退刀槽或砂轮越程槽等结构。零件图常采用一个主视图表达整体结构特征，再配合采用断面、局部剖视、局部放大等表示零件上的一些细节结构。其中，断面图可以表达出不同部位的轴断面结构及尺寸（如表达键槽、孔等），局部放大图可以表达局部细节结构及尺寸。选择主视图时以其在车床上切削加工时的位置作为摆放位置，以垂直于轴线的方向作为主视图投射方向。实心轴采用一般视图的表达形式，空心的轴或套则采用全剖视或半剖视的表达形式。

　　**2. 轮盘类零件的表达**

　　轮盘类零件包括端盖、阀盖、齿轮等，结构多为回转体或其他扁平的盘状体，径向尺寸较大，轴向尺寸较小。轮盘类零件的作用主要是轴向定位、防尘密封或者传递扭矩，常带有各种形状的凸缘、均布的圆孔和肋等局部结构，主要在车床、铣床上，经车削、铣削等加工而成，如图 7-7 所示的轴承座的立体图及零件图。

a) 轴承座的立体图

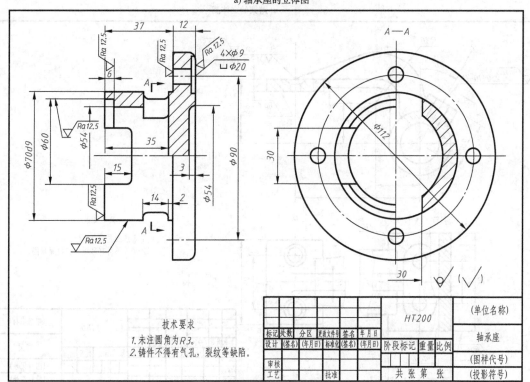

b) 轴承座的零件图

图 7-7　轴承座的立体图及零件图

轮盘类零件大多采用一个主视图加一个基本视图来表达，必要时辅以断面图、局部放大图等。主视图多采用全剖视图或者半剖视图的表达形式。选择主视图时以其轴线水平的工作位置作为摆放位置，以垂直轴线的方向为主视图投射方向。

### 3. 叉架类零件的表达

叉架类零件用来支承或拨动其他零件，常见的叉架类零件有支架、连杆、摇臂、拨叉、杠杆等。这类零件常用倾斜或弯曲的结构连接零件的工作部分，具有形状多样，结构复杂的特点。叉架类零件多为铸造或锻造毛坯，经镗削、铣削、钻削和磨削等机械加工而成，因而具有铸造圆角、凸台、凹坑等常见结构。

叉架类零件需要通过两个或两个以上的基本视图来表达，必要时辅以斜视图、断面图、局部剖视图等。选择主视图时，主要考虑"形状特征"和"工作位置"的原则。如图 7-8 所示的踏架的立体图及零件图，主视图投射方向兼顾了"形状特征"和"工作位置"原则，

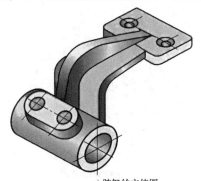

a) 踏架的立体图

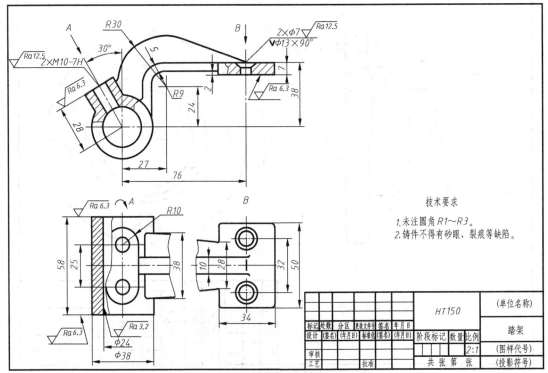

b) 踏架的零件图

图 7-8　踏架的立体图及零件图

此外，采取了 $A$ 向斜视图以更好地表达左侧的倾斜部分，俯视图也相应采取了局部视图，为了表达内部孔的结构，主视图和 $A$ 向斜视图中采用了局部剖视。

### 4. 箱体类零件的表达

箱体类零件用于容纳、保护和支承运动零件或其他零件。常见的箱体零件有阀体、泵体、机床床身、减速器、离合器等，其内部有空腔、孔等结构。其毛坯多为铸件，经镗削、铣削、刨削和钻削等加工而成。

箱体类零件外观形状多样，内部结构复杂，一般采用三个或以上的基本视图且辅以向视图、局部视图、局部剖视图等来表达。选择主视图时，主要考虑"工作位置"和"形状特征"的原则。由于内部结构复杂，所以多采用全剖视或局部剖视的表达形式。

如图 7-9 所示为齿轮泵泵体的立体图及零件图，根据其结构特点，采取了主视图、右视

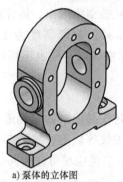

a) 泵体的立体图

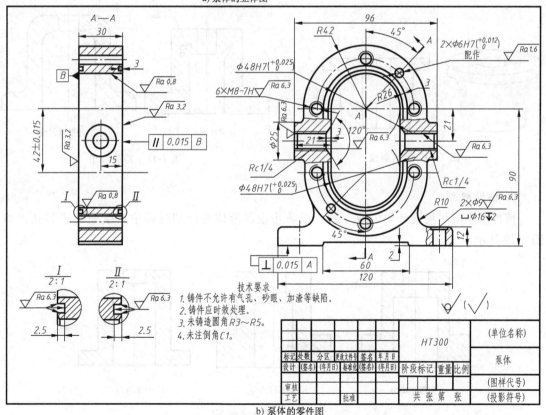

b) 泵体的零件图

图 7-9　齿轮泵泵体的立体图及零件图

图两个基本视图以及两处放大图表达。主视图为了表达左、右侧的油孔结构，采用了局部剖视，右视图为了同时表达连接用的销孔和螺纹孔，用两个相交平面进行了剖切。

# 第三节　零件中常见的工艺结构

零件在加工时，制造工艺对零件的结构也有某些要求。因此，在画零件图时，应该使零件的结构既满足功能方面的要求，又便于加工制造。下面介绍一些常见的结构。

## 一、铸造工艺结构

### 1. 起模斜度

在铸造工艺中，为了顺利地将木模从砂型中取出，铸件的内外壁上沿起模方向应设计出必要的起模斜度，如图 7-10 所示。对木模，起模斜度为 1°~3°；对金属模，起模斜度为 1°~2°。由于起模斜度一般很小，零件图中可以不画也不标注，但需在技术要求中用文字说明。必要时也可画出斜度并标注。

### 2. 铸造圆角

铸件表面的相交处应圆角过渡，以防止起模时砂型尖角处落砂或浇注金属液体时冲坏砂型尖角处，或在冷却过程中产生缩孔和裂纹等缺陷，如图 7-11a 所示。铸造圆角的半径一般取壁厚的 20%~30%，且同一铸件的圆角半径应尽可能相同，如图 7-11b 所示。

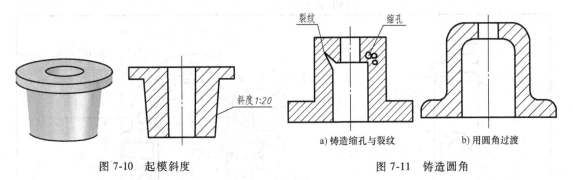

图 7-10　起模斜度

a) 铸造缩孔与裂纹　　　　b) 用圆角过渡

图 7-11　铸造圆角

### 3. 铸件壁厚

铸件壁厚应尽量设计均匀或一致，以防止金属液体在冷却过程中产生缩孔或裂孔，如图 7-12 所示。

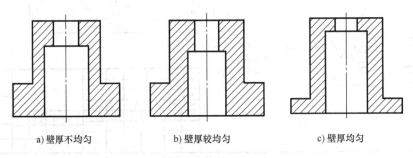

a) 壁厚不均匀　　　　　b) 壁厚较均匀　　　　　c) 壁厚均匀

图 7-12　铸件壁厚

#### 4. 过渡线

因铸件上两表面汇合处用圆角过渡，使得表面相交不够明显，这时两表面的交线称为过渡线。为区分不同表面，仍要绘出交线，但交线两端不与轮廓线的圆角相交，留出间隙，如图 7-13 所示。

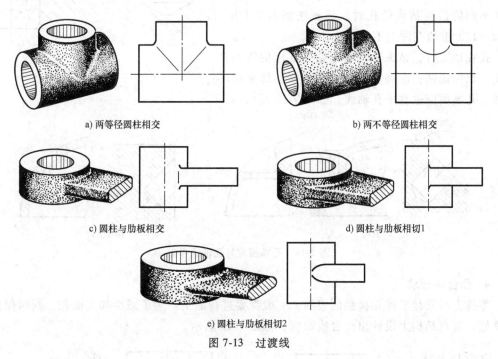

a) 两等径圆柱相交　　　　　　　　　　　　　b) 两不等径圆柱相交

c) 圆柱与肋板相交　　　　　　　　　　　　　d) 圆柱与肋板相切1

e) 圆柱与肋板相切2

图 7-13　过渡线

## 二、机械加工工艺结构

#### 1. 倒角或圆角

为了去除机加工后的毛刺、锐边，防止装配时划伤人手且便于安装，在轴端、孔端和台阶处常加工出 45°倒角。同样，为了避免应力集中，轴肩、孔肩和转角处常加工成圆角，如图 7-14 所示。图中，倒角 C1 指的是直角边长度为 1mm 的 45°倒角。

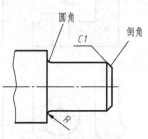

图 7-14　倒角或圆角

#### 2. 退刀槽和砂轮越程槽

车削螺纹或磨削加工时，为便于刀具或砂轮进入或退出加工面，保证装配时与相邻零件贴紧，可预先加工出退刀槽或砂轮越程槽。如图 7-15 所示为退刀槽结构，图 7-16 为砂轮越程槽结构。

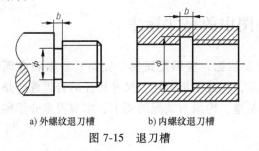

a) 外螺纹退刀槽　　　　b) 内螺纹退刀槽

图 7-15　退刀槽

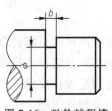

图 7-16　砂轮越程槽

### 3. 钻孔结构

零件上各种不同形式和用途的孔，多数是用钻头加工而成的。不通孔要画出由钻头切削时自然形成的120°锥角，如图7-17a所示。当用两个直径不同的钻头钻台阶孔时，其画法如图7-17b所示。120°锥角在图上不注尺寸。

孔在加工时，钻头要垂直于钻孔部位的零件表面，以保证钻孔准确和避免钻头折断，即要求零件上孔端面应垂直于孔轴线，如图7-18所示。

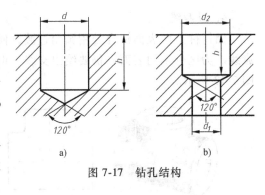

图 7-17  钻孔结构

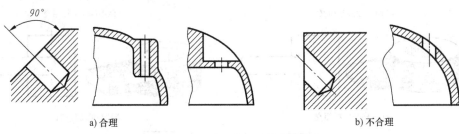

a) 合理                    b) 不合理

图 7-18   孔端面应与孔轴线垂直

### 4. 凸台和凹坑

零件上与其他零件相接触的表面，一般都要进行加工。为了减少加工面积，同时保证接触良好，常在结构上设计出凸台或凹坑，如图7-19所示。

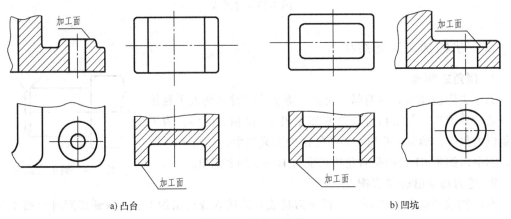

a) 凸台                    b) 凹坑

图 7-19   凸台和凹坑

## 第四节   零件图中的尺寸标注

零件图上的尺寸是零件制造和检测的重要依据，应满足正确、完整、清晰和合理的要求。前三项要求与组合体尺寸标注的要求一致，在此不再赘述。尺寸标注的合理性，是指标注尺寸既能满足设计要求，又能满足工艺、制造、检测与装配的要求，本节着重介绍零件图标注尺寸的合理性问题。

## 一、正确选择尺寸基准

选择尺寸基准的目的，一是为了确定零件在机器中的位置或零件上几何元素的位置，以符合设计要求；二是为了在制做零件时，确定测量尺寸的起点位置，便于加工和测量，以符合工艺要求。因此，根据基准作用的不同，一般将基准分为设计基准和工艺基准两类。

### 1. 设计基准

设计图上所采用的基准。设计基准可以是零件的轮廓要素，也可以是中心要素，是设计图上尺寸标注的起始点。如图 7-20 所示的支撑架，平面 $A$、$B$ 和对称面 $C$ 分别是支撑架长、宽和高三个方向的设计基准。

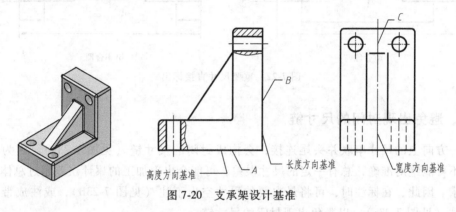

图 7-20　支承架设计基准

### 2. 工艺基准

零件在制造、检测时所选定的基准。工艺基准又分为四种：定位基准、工序基准、测量基准、装配基准。如图 7-21 所示轴套在车床上加工时，用卡爪卡住左端大圆柱面，测量轴向尺寸 12、25、28 时，以右端面为起点，因此右端面即为工艺基准中的测量基准。

为了确保满足设计要求，应尽可能使设计基准与工艺基准一致，以减少两个基准不重合而引起的尺寸误差。当设计基准与工艺基准不一致时，应以保证设计要求为主，重要尺寸遵从设计基准，非重要尺寸遵从工艺基准，以便加工和测量。

当零件复杂、尺寸较多时，可考虑主、辅基准。即在一个方向上选定一个主要基准和多个以主要基准为基础的辅助基准。主要基准与辅助基准之间必须有尺寸联系。

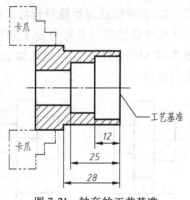

图 7-21　轴套的工艺基准

## 二、重要尺寸直接标出

重要尺寸是指影响机器性能规格、工作精度、互换性和有配合要求以及确定零件在机器中准确位置的尺寸，如零件的规格性能尺寸、确定零件之间相对位置的尺寸、连接尺寸、安装尺寸等，一般有公差要求，在零件加工时必须予以保证。

而非重要尺寸，如零件外形轮廓尺寸、非配合尺寸、满足工艺要求等方面（如凸台、凹坑、退刀槽、倒角）的尺寸，允许有稍大些的误差。

重要尺寸应从基准处直接标出。如图 7-22 所示，零件的高度基准为底面，长度基准为对称轴线，因此，图 7-22a 图合理，图 7-22b 图不合理。

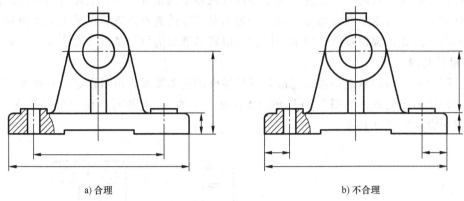

a) 合理　　　　　　　　　　　　　　　　　　b) 不合理

图 7-22　重要尺寸直接标出

### 三、避免出现封闭的尺寸链

同一方向上的尺寸串联并头尾连接，会构成封闭的尺寸链（见图 7-23a）。因为各段尺寸加工不可能绝对准确，总有一定的尺寸误差，可能会出现加工的累计误差超过总体尺寸的设计要求。因此，在标注时，可将最次要的尺寸空出不注（见图 7-23b），或注成带括号的参考尺寸（见图 7-23c），以避免出现封闭的尺寸链。

### 四、考虑加工工艺要求

#### 1. 尺寸标注应尽量符合加工顺序

尺寸标注应尽量符合加工顺序，以方便加工和检测，且容易保证零件的加工精度。如图 7-24 中的 $\phi16$ 轴段，是在加工完 $\phi20$ 的轴段后再加工的，其长度尺寸 5 应考虑加工顺序按图注出。

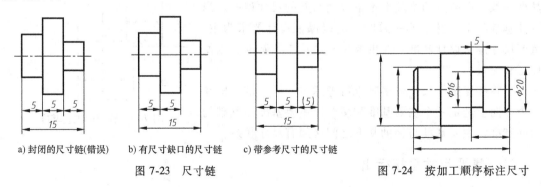

a) 封闭的尺寸链(错误)　　b) 有尺寸缺口的尺寸链　　c) 带参考尺寸的尺寸链

图 7-23　尺寸链　　　　　　　　　　　图 7-24　按加工顺序标注尺寸

#### 2. 按加工方法集中标注尺寸

零件一般经多种加工方法才能制成。标注尺寸时，最好将同种加工方法的有关尺寸集中标注。如图 7-25 所示，在主视图上，将车床加工的尺寸集中标注在下方，铣床加工的键槽尺寸标在上方，便于加工时读图。

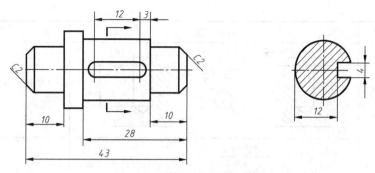

图 7-25  按加工方法集中标注

### 3. 按测量方便标注尺寸

如图 7-25 中的断面图,键槽深度的标注是以方便测量来标注尺寸的。如图 7-26 所示的孔,一般先加工出小孔,再扩孔,标注深度尺寸时,考虑测量方便,应按照图 7-26a 的方法标注。

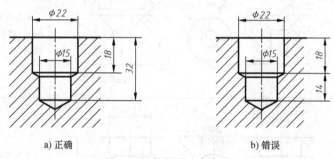

a) 正确                b) 错误

图 7-26  按测量方便标注

## 五、零件上孔的尺寸标注

零件上常见孔的尺寸标注法见表 7-1。

表 7-1  零件上常见孔的尺寸标注法

| 零件结构类型 | | 标注方法 | 说明 |
|---|---|---|---|
| 螺纹孔 | 通孔 | | 3 个公称直径为 8mm 的螺纹通孔,6H 为公差带代号 |
| | 不通孔 | | 3 个 M8-6H 的螺纹盲孔,螺纹孔深 10mm,车螺纹前先转孔深 12mm |

（续）

| 零件结构类型 | | 标注方法 | 说明 |
|---|---|---|---|
| 光孔 | 一般孔 | | 4 个直径为 6mm、深 10mm 的光孔 |
| | 锥销孔 | | φ4 为与锥销孔相配的圆锥销小头直径，锥销孔通常是相邻两零件装在一起时加工的 |
| 沉孔 | 锥形沉孔 | | 6 个锥形埋头孔，孔的直径为 6mm，锥孔口直径为 14mm，锥面角 90° |
| | 柱形沉孔 | | 4 个圆柱形沉头孔，孔的直径为 8mm，柱形沉孔的直径为 14mm，深度为 5mm |
| | 锪平面 | | 4 个带锪平面的孔，孔直径为 6mm，锪平孔直径为 18mm，深度不需标注，一般锪平到不出现毛面为止 |

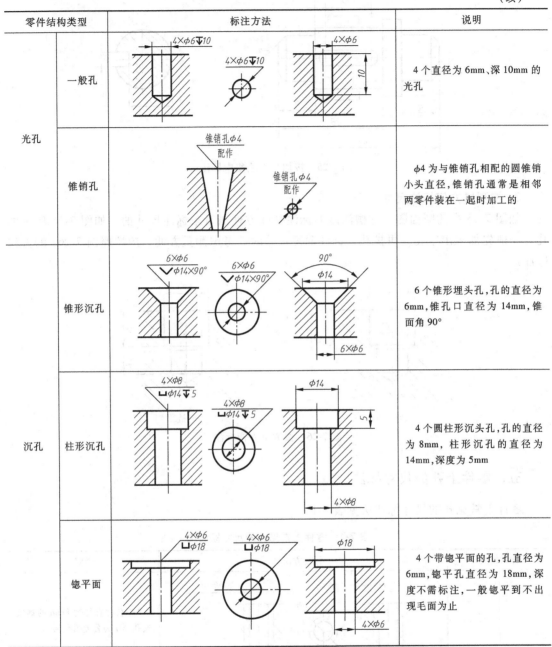

# 第五节　零件图的技术要求

　　为了使零件达到预定的设计要求，保证零件的使用性能，在零件图上还必须注明零件在制造过程中应达到的质量要求，即技术要求。技术要求主要包括表面结构（常用的为表面粗糙度）、尺寸公差、几何公差、材料热处理、表面处理等。

　　技术要求应尽量使用国家标准规定的符号、代号标注在零件图中，没有规定的可用简明文字逐项注写在标题栏附近的适当位置。

## 一、表面结构

为了满足零件的使用要求，通常需要对零件制造的表面质量，即表面结构提出要求。表面结构一般包括表面粗糙度、表面波纹度、表面几何形状等。国家标准 GB/T 131—2006《产品几何技术规范（GPS）技术产品文件中表面结构的表示法》中对表面结构的表示做出了具体规定。这里主要介绍常见的表面粗糙度的表示方法。

### 1. 表面粗糙度的概念

零件表面在加工过程中，由于刀具和零件表面之间的摩擦、工艺系统中高频振动等原因，加工后看上去很光滑的表面，在显微镜下观察，仍然是起伏不平的，如图 7-27 所示。这种加工表面上具有的较小间距和峰谷所形成的微观几何形状特征称为表面粗糙度。

由于机械零件的破坏通常是从表面层开始的，零件的表面粗糙度对零件的耐磨性、耐蚀性、配合精度、接触强度、疲劳强度及零件的使用寿命都有很大影响，是评定零件表面质量的重要指标。因此，必须正确、合理地选择和标注表面粗糙度。

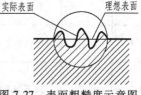

图 7-27 表面粗糙度示意图

### 2. 表面粗糙度的评定参数及数值

在国标 GB/T 1031—2009 规定中，表面粗糙度的主要评定参数有两个：

1）轮廓算术平均偏差 $Ra$。在取样长度 $L$ 内，轮廓偏距 $y$ 的绝对值的算术平均值即为 $Ra$。如图 7-28 所示，用公式表示为

$$Ra = \frac{1}{L}\int_0^L |y(x)| dx$$

2）轮廓的最大高度 $Rz$。在取样长度 $L$ 内，最大轮廓峰高和最大轮廓谷深之和即为 $Rz$。如图 7-29 所示。

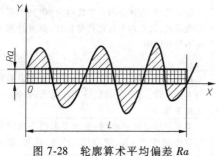

图 7-28 轮廓算术平均偏差 $Ra$

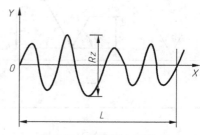

图 7-29 轮廓最大高度 $Rz$

在选取表面粗糙度参数时，$Ra$ 反映的轮廓情况比较全面，宜优先选用 $Ra$ 参数，$Rz$ 参数可用于某些不允许出现较大加工痕迹的零件表面。

$Ra$、$Rz$ 的数值可查询国家标准 GB/T 1031—2009 规定，其中比较常用的数值（单位：μm）为 0.4、0.8、1.6、3.2、6.3、12.5、25。选取的数值越小，表面就越光滑，使用效果越好，但相应地加工成本也越高。因此，选择表面粗糙度值时，既要考虑零件的使用要求，又要考虑加工的经济性。具体选用时，可参照生产中的实例，用类比法确定。表 7-2 为轮廓算术平均偏差 $Ra$ 的数值区段 50~0.2μm 的获得方法及应用举例。

表 7-2　表面粗糙度获得的方法及应用实例

| $Ra/\mu m$ | 类型 | 表面外观情况 | 获得方法举例 | 应用举例 |
|---|---|---|---|---|
| 50 | 粗加工 | 明显可见刀痕 | 毛坯经粗车、粗刨、粗铣、钻孔、锯削等加工方法所获得的表面 | 应用较少 |
| 25 | | 可见刀痕 | | 不接触表面或不重要的接触面，如机座底面、钻孔、倒角等 |
| 12.5 | | 微见刀痕 | | |
| 6.3 | 半精加工 | 可见加工痕迹 | 精车、精刨、精铣、刮研、扩孔、粗磨等 | 支架、箱体和盖等的非配合表面 |
| 3.2 | | 微见加工痕迹 | | 箱、盖、套筒要求紧贴的表面，键和键槽的工作表面 |
| 1.6 | | 看不见加工痕迹 | | 要求有不精确定位及配合特性的表面，如支架孔、衬套、胶带轮工作面 |
| 0.8 | 精加工 | 可辨加工痕迹方向 | 金刚石车刀的精车、精铰、拉刀、压刀加工、精磨、珩磨、研磨等 | 要求保证定位及配合特性的表面，如轴承配合表面、锥孔等 |
| 0.4 | | 微辨加工痕迹方向 | | 要求能长期保持规定的配合特性的孔和轴的配合表面，如导套、导柱的工作表面，公差等级为7级的孔和6级的轴 |
| 0.2 | | 不可辨加工痕迹方向 | | 工作时承受反复应力的重要零件，要保证零件的疲劳强度等要求，并在工作时不破坏配合特性的表面 |

### 3. 表面粗糙度的符号、代号及标注

国标 GB/T 131—2006 规定了表面结构（包括表面粗糙度）的符号、代号及其在图样上的注法，表 7-3 为表面结构符号及说明。

表 7-3　表面结构符号及说明

| 符号及尺寸 | 说明 |
|---|---|
| | 基本符号，由两条与水平线均为60°的不等长细斜线组成，仅适用于简化代号标注，没有补充说明时不单独使用 |
| | 基本符号上加一短横，表示表面是用去除材料的方法获得。如：车、铣、钻、磨、抛光、腐蚀、电火花加工等 |
| | 基本符号上加一小圆，表示表面用不去除材料的方法获得，如：铸、锻、冲压、热轧、冷轧、粉末冶金等；或是用于保持上道工序形成的表面 |
| | 完整符号，在上述三个符号的长边上加一横线，标注对表面结构的各种要求 |
| | 当在完整符号上加一圆圈时，表明视图上封闭轮廓的各表面具有相同的表面结构要求。如果标注会引起歧义时，各表面应分别标注 |

表面结构符号中要注写具体参数代号及参数值等要求，表面结构代号及含义说明举例见表 7-4。标注粗糙度时需注意参数代号 $Ra$ 或 $Rz$ 不能省略。

表 7-4  表面结构代号及含义说明举例

| 代号 | 说明 |
| --- | --- |
| $\sqrt{}$ Ra 6.3 | 表示不允许去除材料，Ra 的上限值 6.3μm，遵守的为默认的"16%规则"（16%规则：当被检表面测得的全部参数值，超过极限值的个数不多于总个数的 16%时，该表面合格） |
| $\sqrt{}$ Rz max 6.3 | 表示去除材料，Rz 的最大值 6.3μm，遵守的为 max 即"最大规则"（最大规则：被检的整个表面上测得的参数值一个也不应超过给定的极限值）。<br>当参数代号后未标注写"max"字样时，均默认为应用 16%规则 |
| $\sqrt{}$ U Rz 0.8<br>L Ra 0.2 | 表示任意加工方法，双向极限值，Rz 的上极限值为 0.8μm，Ra 的下极限值为 0.2μm，默认的 16%规则 |
| 车<br>$\sqrt{}$ Ra 3.2 | 表示去除材料，Ra 的上极限值 3.2μm，默认的"16%规则"。横线上"车"表示加工工艺 |

在进行标注时应注意，每一表面一般只标注一次表面结构要求，并尽可能标注在相应的尺寸及其公差的同一视图上。所标注的表面结构要求是对完工零件的要求，否则应另加说明。表 7-5 为表面结构的标注示例。

表 7-5  表面结构的标注示例

| 图例 | 说明 |
| --- | --- |
| | 标注的总原则是表面结构的注写和读取方向与尺寸的注写和读取方向一致<br>表面结构可标注在轮廓线上，其符号应从材料外指向并接触表面；必要时，也可以用带箭头或黑点的指引线引出标注 |
| | 圆柱和棱柱的表面结构要求只标注一次<br>表面结构可以直接标注在可见轮廓线、尺寸界线、引出线或它们的延长线上，或用带箭头指引线从这些线引出标注 |
| | 在不致引起误解时，表面结构可以标注在给出的尺寸线上 |

（续）

| 图例 | 说明 |
|---|---|
| 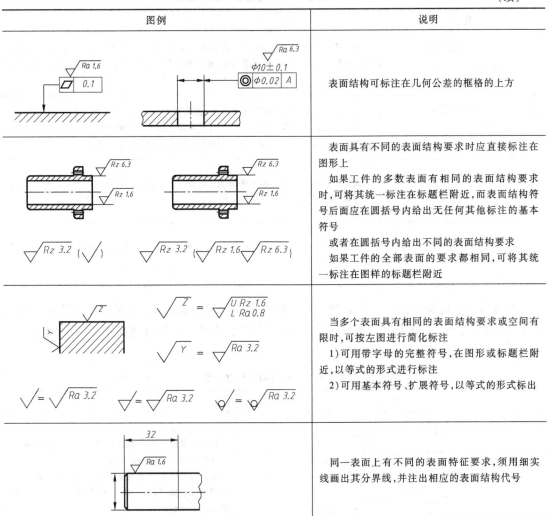 | 表面结构可标注在几何公差的框格的上方 |
| | 表面具有不同的表面结构要求时应直接标注在图形上<br>　　如果工件的多数表面有相同的表面结构要求时，可将其统一标注在标题栏附近，而表面结构符号后面应在圆括号内给出无任何其他标注的基本符号<br>　　或者在圆括号内给出不同的表面结构要求<br>　　如果工件的全部表面的要求都相同，可将其统一标注在图样的标题栏附近 |
| | 当多个表面具有相同的表面结构要求或空间有限时，可按左图进行简化标注<br>　1）可用带字母的完整符号，在图形或标题栏附近，以等式的形式进行标注<br>　2）可用基本符号、扩展符号，以等式的形式标出 |
| | 同一表面上有不同的表面特征要求，须用细实线画出其分界线，并注出相应的表面结构代号 |

## 二、尺寸公差与配合

在制造业中，把同一规格的任一零件，不需经过任何挑选或附加修配就能装在机器上，达到规定的性能要求，零件的这种性能称为互换性。零件的互换性不但为机器的装配、修理带来方便，也提高了大规模工业生产的效率。而对零件加工误差的限制，是实现互换性的保证。

### 1. 尺寸公差

在实际生产中由于加工和测量不可避免地存在着误差，为保证零件的互换性，把尺寸的加工误差控制在一定的范围内，这个允许的尺寸范围就是尺寸公差。

下面以一个轴的尺寸 $\phi35\text{m}6\left(^{+0.025}_{+0.009}\right)$ 为例，介绍尺寸公差的相关术语。

1）公称尺寸：设计的理想尺寸。上例为 $\phi35\text{mm}$。

2）实际尺寸：实际测量工件所得的尺寸。

3）极限尺寸：允许尺寸变化的两个界限值，分为上极限尺寸和下极限尺寸。两个极限尺寸中较大的一个尺寸为上极限尺寸，较小的一个尺寸为下极限尺寸。上例中上极限尺寸为

$\phi35.025$mm，下极限尺寸为$\phi35.009$mm。实际尺寸在上极限尺寸和下极限尺寸之间即满足公差要求。

4）极限偏差：分为上极限偏差和下极限偏差。上极限尺寸减其公称尺寸所得的代数差为上极限偏差，下极限尺寸减其公称尺寸所得的代数差为下极限偏差。孔的上、下极限偏差分别用大写字母$ES$、$EI$表示；轴的上、下极限偏差分别用小写字母$es$、$ei$表示。上例中$es=+0.025$mm，$ei=+0.009$mm。极限偏差可以是正值、负值或零。

5）尺寸公差（简称公差）：允许尺寸的变动量。公差为上极限尺寸与下极限尺寸之差的绝对值，也等于上极限偏差与下极限偏差之差的绝对值，因此尺寸公差总是正值。上例中尺寸公差为0.016mm。

6）零线：在分析公差时，为了形象地表示公称尺寸、偏差和公差三者的关系，常画出公差带图。在公差带图中，表示公称尺寸的一条直线，称为零线。零线上方的偏差为正，零线下方的偏差为负，如图7-30所示。

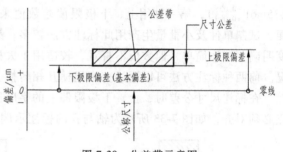

7）尺寸公差带（简称公差带）：在公差带图中，由代表上极限偏差和下极限偏差的两条直线所限定的一个区域，称为公差带，如图7-30所示。公差带图可更直观地表达零件的公差范围。

图7-30　公差带示意图

由上图可看出，公差带由"公差带大小"和"公差带位置"两个要素组成，这两个要素被称之为"标准公差"和"基本偏差"。

8）标准公差：由国家标准规定的公差值。标准公差表示尺寸的精确程度，决定了公差带的大小，英文缩略词为IT。国家标准将标准公差分为20个等级，从IT01、IT0、IT1、IT2直至IT18，精度依次降低。标准公差数值可查阅国标GB/T 1800.1—2020。在例$\phi35$m6中，精度等级为IT6，由$\phi35$和IT6查询国标得到标准公差值为0.016mm。

9）基本偏差：靠近零线位置的上极限偏差或下极限偏差。基本偏差用来确定公差带相对于零线的位置。

国家标准对孔和轴各规定了28个基本偏差。大写字母表示孔的基本偏差，如图7-31所示；小写字母表示轴的基本偏差，如图7-32所示，在例$\phi35$m6中，轴的基本偏差为m，在图中可查到轴的公差带位置在零线上方。

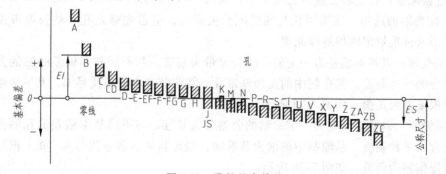

图7-31　孔的基本偏差

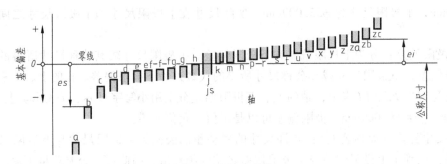

图 7-32　轴的基本偏差

实际中，零件尺寸 $\phi35m6\left({}^{+0.025}_{+0.009}\right)$ 可以有三种表达方式：即 $\phi35\left({}^{+0.025}_{+0.009}\right)$、$\phi35m6$ 或 $\phi35m6\left({}^{+0.025}_{+0.009}\right)$，第一种用上、下极限偏差数值来表达公差，数值直观，用万能量具检测方便，试制单件及小批量生产用此标注方法较多；第二种用基本偏差和标准公差表示，配合精度明确，标注简单，但数值不直观，较适用于大批量生产使用；第三种适用于产量不定的情况。前两种标注方法可以通过查询国标互相转换。

在标注尺寸公差时，上、下极限偏差的字应比尺寸的字小一号，上、下极限偏差的小数点必须对齐，如图 7-33 所示为轴与孔的标注示例。

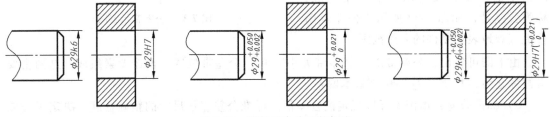

图 7-33　零件图中公差的标注

### 2. 配合

公称尺寸相同的相互结合的孔和轴公差带之间的关系，称为配合。

（1）配合的种类　依据孔、轴公差带的相对位置将孔、轴之间的配合关系分成如下三种：

1）间隙配合：孔公差带在轴公差带之上，孔大于等于轴，如图 7-34a 所示。

2）过盈配合：孔公差带在轴公差带之下，轴大于等于孔，如图 7-34b 所示。

3）过渡配合：孔、轴公差带相互交叠，如图 7-34c 所示。

（2）配合制的选用　在选用孔与轴的配合关系时，应首先确定孔、轴公差带谁为基准的问题。国家标准规定两种基准制度。

1）基孔制：以基本偏差为一定的孔的公差带为基准，与不同基本偏差的轴的公差带形成各种配合的一种制度。基孔制中的孔为基准孔，规定其基本偏差代号 H，其下极限偏差为零，上极限偏差为正值，如图 7-35 所示。

2）基轴制：以基本偏差为一定的轴的公差带为基准，与不同基本偏差的孔的公差带形成各种配合的一种制度。基轴制中的轴为基准轴，规定其基本偏差代号 h，其上极限偏差为零，下极限偏差为负值，如图 7-36 所示。

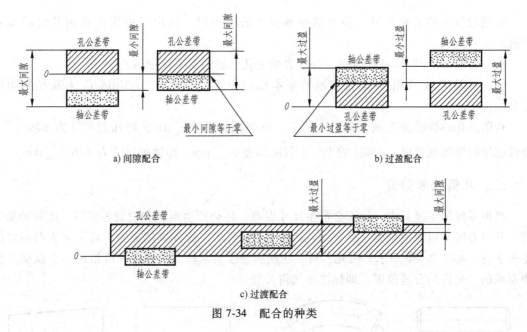

a) 间隙配合　　　　b) 过盈配合

c) 过渡配合

图 7-34　配合的种类

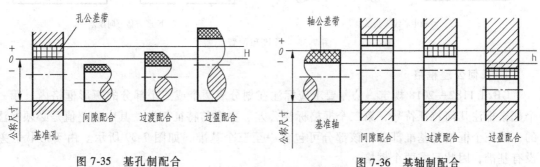

图 7-35　基孔制配合　　　　　图 7-36　基轴制配合

在实际生产中，由于轴的圆柱表面比孔的圆柱表面容易加工，为了减少加工孔的定值刀具、量具的数量，国家标准推荐优先采用基孔制。但在某些情况下，采用基轴制也是必要的，如与滚动轴承配合的轴应按基孔制，而与滚动轴承外圈配合的孔则应按基轴制。又如同一轴上装有不同配合要求的几个零件，当采用基轴制时，轴就不必另行分段机械加工，可以提高加工效率。但如有特殊需要，允许将任一孔、轴公差带组成配合。

为了便于生产中选用配合，国标还推荐了基孔制的优先配合和常用配合，以及基轴制的优先配合和常用配合，具体可查阅 GB/T 1800—2020，在选用时应尽量选取优先配合和常用配合。

（3）配合的标注　在装配图中，配合代号通常写成分数形式，分子为孔公差带代号，分母为轴公差带代号，标注在基本尺寸之后，如 $\phi 29\dfrac{H7}{k6}$ 或 $\phi 29H7/k6$。

将图 7-33 所示的轴与孔装配，其标注如图 7-37 所示。

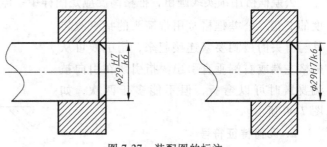

图 7-37　装配图的标注

根据轴和孔的公称尺寸、基本偏差和标准公差等级，可由书中附录查到其极限偏差数值。

**例** 判断 $\phi50H8/f7$ 的配合制，并查表确定孔、轴的上下极限偏差。

**解：** 由图 7-31 及图 7-32 孔和轴的基本偏差位置可以看出，$\phi50H8/f7$ 为基孔制间隙配合。

查附录孔的极限偏差表，$\phi50H8$ 的上、下极限偏差为 $^{+39}_{0}\mu m$，即孔的尺寸为 $\phi50^{+0.039}_{0}$，再根据轴的极限偏差表，$\phi50f7$ 的上、下极限偏差为 $^{-25}_{-50}\mu m$，即轴的尺寸为 $\phi50^{-0.025}_{-0.050}mm$。

## 三、几何公差简介

机械零件加工过程中，除了会产生尺寸误差，还会产生形状和位置等误差。比如轴加工时，其中心线不可能完全为一条直线，如图 7-38a 所示，长方体加工时，其上下表面不可能完全平行，如图 7-38b 所示。因此，对一些制造精度要求较高的地方，应给出一个能满足性能要求的、允许的公差范围，即标注出几何公差。

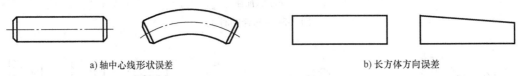

a) 轴中心线形状误差          b) 长方体方向误差

图 7-38　形状和位置误差

### 1. 几何公差框格

GB/T 1182—2018 规定，公差要求应标注在划分成两个或三个部分的矩形框格内，第一个框格标注几何特征符号，第二个框格标注公差、要素与特征部分，其中公差值是必须标注的，第三个框格是基准部分，该部分可包含一至三个基准，如图 7-39 所示。由于形状公差没有基准，因此只需两个框格。

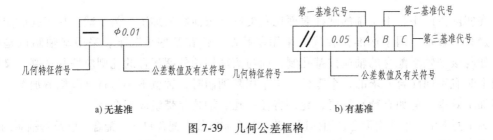

a) 无基准          b) 有基准

图 7-39　几何公差框格

公差框格用细实线画出，框格高度应是图样中字体高度的 2 倍，宽度也尽量采用字体高度的 2 倍。公差框格常用带箭头的指引线将其与有关的被测要素连接起来，指引线可从框格左端或右端垂直引出。指引线在引向被测要素时可以弯折，但不能多于两次，如图 7-40 所示。

### 2. 几何特征符号

几何公差的特征符号及基准情况见表 7-6。

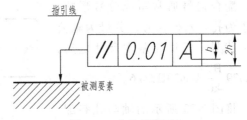

图 7-40　公差框格画法

表 7-6 几何特征符号

| 公差类型 | 几何特征 | 符号 | 有无基准 | 公差类型 | 几何特征 | 符号 | 有无基准 |
|---|---|---|---|---|---|---|---|
| 形状公差 | 直线度 | — | 无 | 方向公差 | 线轮廓度 | ⌒ | 有 |
| | 平面度 | ▱ | 无 | | 面轮廓度 | ◠ | 有 |
| | 圆度 | ○ | 无 | 位置公差 | 位置度 | ⊕ | 有或无 |
| | 圆柱度 | ⌀ | 无 | | 同心度（用于中心点） | ◎ | 有 |
| | 线轮廓度 | ⌒ | 无 | | 同轴度（用于轴线） | ◎ | 有 |
| | 面轮廓度 | ◠ | 无 | | 对称度 | ═ | 有 |
| 方向公差 | 平行度 | ∥ | 有 | | 线轮廓度 | ⌒ | 有 |
| | 垂直度 | ⊥ | 有 | | 面轮廓度 | ◠ | 有 |
| | 倾斜度 | ∠ | 有 | 跳动公差 | 圆跳动 | ↗ | 有 |
| | | | | | 全跳动 | ↗↗ | |

### 3. 几何公差基准

对于有基准的几何公差，零件图中需标注出基准。基准用一个大写字母表示，标注在基准方格内，方格的长、宽均为 2 个字高。方格通过连线与一个涂黑的三角形相连，三角形的底边应放置在基准轮廓线或其延长线上，也可放置在引出线的水平线上。基准字母应水平书写并与公差框格内填入的基准字母一致，如图 7-41 所示。

图 7-41 基准符号画法

### 4. 几何公差标注示例

如图 7-42 所示，是对轴中心线的直线度的公差要求，该公差无基准。框格内的内容表示圆柱的实际中心线应限定在直径等于 $\phi0.08$mm 的圆柱面内。

注意：当几何公差涉及被测要素的中心线、中心面或中心点时，框格指引线的箭头应位于相应尺寸线的延长线上。

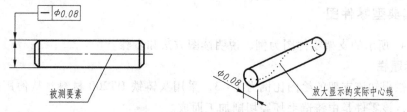

图 7-42 轴中心线的直线度

如图 7-43 所示，是对长方体上表面与下表面（基准）平行度的公差要求，框格内的内容表示长方体实际的上表面应限定在间距等于 0.01mm 的平行于基准平面 A 的两平行平面之间。

注意：当被测要素为轮廓要素时，框格指引线箭头可指在可见轮廓线或其延长线上，且明显地与尺寸线错开，也可指向引出线的水平线。

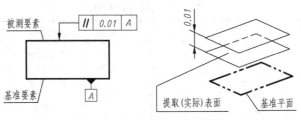

图 7-43　长方体表面的平行度

# 第六节　读零件图

## 一、读零件图的方法与步骤

### 1. 读标题栏

阅读零件图时，先看标题栏。由标题栏可获得零件的名称、材质、绘图比例、重量、图号、件数等有关信息，对零件的基本情况和加工方法有一个大概的了解。

### 2. 读视图

从一组视图中先找出主视图，从主视图入手，分析各视图之间的投影关系，明确各视图所采用的表达方法。利用形体分析法，辅以线面分析法，由主视图对照其他视图，按照先易后难、先简单后复杂、先整体后局部的顺序，分析出零件每一个部分的形状、结构以及他们之间的连接关系和相对位置关系，进而分析出零件的整体形状、结构，最后想象出零件的三维空间形状。

### 3. 读尺寸、看技术要求

阅读尺寸时首先要明确总体尺寸，确定零件整体大小。然后了解各部分或局部的结构尺寸，结合视图分析，确定各部分或局部结构的大小与形状。最后确定零件的尺寸基准、重要尺寸以及零件各组成部分的定形尺寸与定位尺寸。阅读尺寸时，注意弄清楚设计基准与工艺基准的关系。

同时，还需要了解零件的尺寸公差、配合、几何公差、表面结构和其他技术要求，对加工工艺要求有一个全面认识，进一步了解零件的设计意图。

## 二、读典型零件图

以图 7-44 所示的支架零件图为例，说明读图方法和步骤。

### 1. 看标题栏

由标题栏得知该支架的绘图比例为 1:3，采用灰铸铁 HT200 材料。从使用的材料和形状特点可知，该零件是由铸造毛坯经切削加工而成。

### 2. 看视图

支架类零件比较复杂，零件图采用主视图、左视图、俯视图三个基本视图以及一个局部 C 向视图和一个移出断面图表达。主视图反映了支架的整体结构及外观形貌特征，左视图、俯视图采用全剖视。

由主视图结合其他视图可以看出，支架从上向下由凸台、圆筒、中间支承板、肋板、底

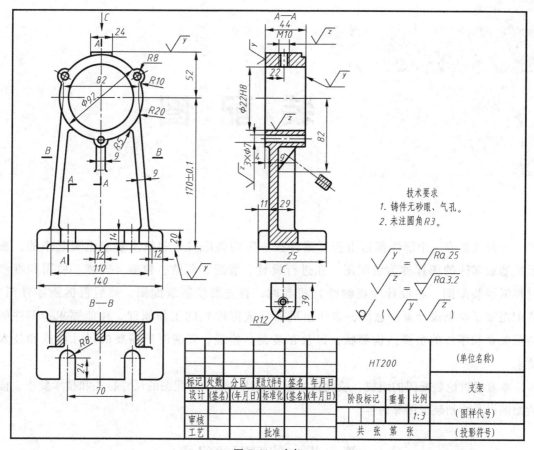

图 7-44 支架

板组成。在 C 向局部视图中可以看出带螺纹孔的凸台形状，俯视图中可以看到底板的形状，由主视图、左视图和移出断面图可以看出肋板的形状。

整个支架形状如图 7-45 所示。由图可以看出，各部分工艺结构如铸造圆角、起模斜度、减少加工面和连接面的凸台凹坑等都有周密的考虑与设计。

### 3. 分析尺寸及技术要求

叉架类零件的尺寸基准一般选取对称面、安装表面、工作端面等。该支架长度方向的基准是左右的对称面，宽度方向以圆筒后端面为主要基准，高度方面以底板的底面为主要基准。

技术要求中，圆筒的中心高度是重要的工作性能尺寸，

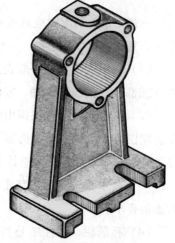

图 7-45 支架立体图

注出了公差（170±0.1）mm，圆筒的轴孔直径有配合要求，标注了配合尺寸 φ72H8，此外，对于配合表面和安装表面，注出了表面粗糙度要求。

综合上述各方面的分析，就可以对该零件的结构形状、制造工艺等有一个完整的了解。

# 第八章

# 装 配 图

一台机器或一个部件都是由若干零件按一定的装配关系和技术要求组装起来的，表示机器或部件的图样称为装配图。在进行设计、装配、调整、检验、安装、使用和维修时都需要装配图。在设计（或测绘）机器时，首先要绘制装配图，然后再拆画零件图。装配图要反映出设计者的意图，表达出机器（或部件）的工作原理、性能要求、零件的装配关系和零件的主要结构形状，以及在装配、检验、安装时所需要的尺寸数据和技术要求。

本章将讨论装配图的组成、装配图的视图表达方法、装配图的尺寸标注和技术要求、读装配图以及绘制装配图等内容。

## 第一节　装配图的组成

一张完整的装配图应具备 4 项内容。如图 8-1 所示为平口钳，平口钳是实际生产用的装配图，其具体组成如下：

（1）一组视图　用一般表达方法和特殊表达方法，正确、完整、清晰和简便地表达机器（或部件）的工作原理、零件之间的装配关系和零件的主要结构形状。

（2）必要的尺寸　根据由装配图拆画零件图以及装配、检验、安装、使用机器的需要，在装配图中必须标注反映机器（或部件）的性能、规格、安装情况、部件或零件间的相对位置、配合要求和机器的总体大小尺寸。

（3）技术要求　用文字或符号标注写出机器（或部件）的质量、装配、检验、使用等方面的要求。

（4）标题栏、零件序号和明细栏　根据生产组织和管理工作的需要，按一定的格式，将零、部件逐一编注序号，并填写明细栏和标题栏。明细栏内容包括零件序号、代号、零件名称、数量、材料、重量、备注等项目。标题栏包含机器（或部件）的名称、材料、比例、重量、图样代号及设计、审核、工艺、标准化人员的签名等。

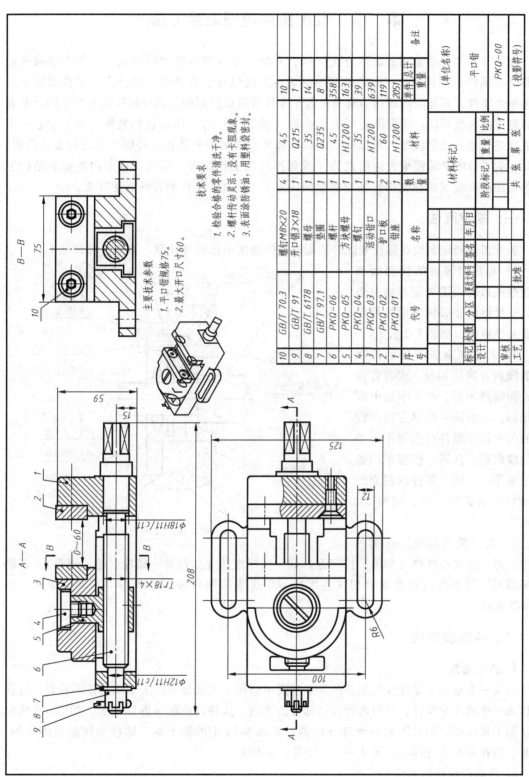

主要技术参数
1. 平口钳规格75。
2. 最大开口尺寸60。

技术要求
1. 检验合格的零件清洗干净。
2. 螺杆传动灵活，没有卡阻现象。
3. 表面涂防锈油，用塑料袋装封。

| 10 | GB/T 70.3 | 螺钉M8×20 | 4 | 4.5 | | 10 | |
| 9 | GB/T 91 | 开口销3×18 | 1 | Q275 | | 1 | |
| 8 | GB/T 6178 | 螺母 | 1 | 35 | | 14 | |
| 7 | GB/T 97.1 | 垫圈 | 1 | Q235 | | 8 | |
| 6 | PKQ-06 | 螺杆 | 1 | 4.5 | | 358 | |
| 5 | PKQ-05 | 方块螺母 | 1 | HT200 | | 163 | |
| 4 | PKQ-04 | 螺钉 | 1 | 35 | | 39 | |
| 3 | PKQ-03 | 活动钳口 | 1 | HT200 | | 639 | |
| 2 | PKQ-02 | 护口板 | 2 | 60 | | 119 | |
| 1 | PKQ-01 | 钳座 | 1 | HT200 | | 2051 | |
| 序号 | 代号 | 名称 | 数量 | 材料 | | 单件 总计 | 备注 |
| | | | | | | 重量 | |

| 标记 | 处数 | 分区 | 更改文件号 | 签名 | 年月日 | | |
| 设计 | | | | | | (材料标记) | (单位名称) |
| 审核 | | | | | | | 平口钳 |
| 工艺 | | | 批准 | | | 阶段标记 重量 比例 | |
| | | | | | | 1:1 | PKQ-00 |
| | | | | | | 共 张 第 张 | (投影符号) |

图 8-1 平口钳装配图

## 第二节　装配图的视图表达方法

在第五章"机件常用的表达方法"中，介绍了零件的各种表达方法，这些方法对表达机器（或部件）同样适用，但是装配图的表达方法也有它自身的一些特点。零件图所表达的是单个零件，而装配图表达的则是由若干零件所组成的部件。两种图样的要求不同，所表达的侧重面也就不同。装配图是以表达机器（或部件）的工作原理和装配关系为中心，采用适当的表达方法把机器（或部件）的内部和外部的结构形状和零件的主要结构表达清楚。因此，为了清晰又简便地表达出机器（或部件）的工作原理、装配关系和内外部的结构形状等，国家标准《机械制图》还对装配图提出了一些规定画法和特殊表达方法。

### 一、规定画法

装配图的规定画法在螺纹紧固件装配连接的画法中已做过介绍，这里再强调如下：

1）相邻两零件的接触面和有配合关系的表面规定只画一条线，不接触的相邻两表面按投影位置分别画线，如图 8-2 所示。

2）相邻两金属零件的剖面线的倾斜方向应相反，或者方向一致而间隔不同。若 3 个以上零件相邻，采用同一倾斜方向剖面线的两个相邻零件应采用不同的剖面线间隔。在同一张装配图的各个视图中，同一零件的剖面线方向与间隔必须一致，如图 8-2 所示。

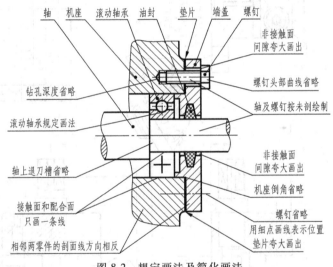

图 8-2　规定画法及简化画法

3）为了简化作图，在剖视图中，对一些实心杆件（如轴、拉杆等）和一些标准件（如螺母、螺栓、键、销等），若剖切平面通过其轴线或对称面剖切这些零件，则这些零件只画零件外形，不画剖面线，如图 8-2 所示。

### 二、特殊表示法

#### 1. 拆卸画法

当某一个或几个零件在装配图的某一视图中遮住了大部分装配关系或其他零件时，可假想拆去一个或几个零件，只画出所表达部分的视图，这种画法称为拆卸画法。如图 8-3 所示滑动轴承装配图，俯视图的右半部分就是拆去图 8-3a 中的轴承盖、螺栓和螺母后画出的。此时，应在图形上方标出"拆去…"，如图 8-3b 所示。

#### 2. 沿结合面剖切画法

为了表达内部结构，可采用沿结合面剖切画法，如图 8-4 中的 A—A 剖视图所示。

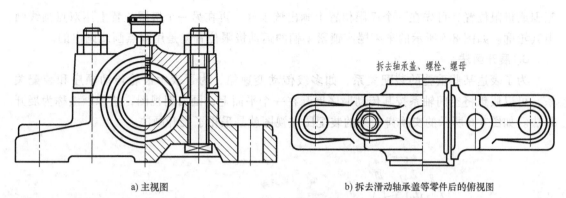

a) 主视图　　　　　　　　　　　　　　　b) 拆去滑动轴承盖等零件后的俯视图

图 8-3　滑动轴承装配图

### 3. 单独表示某个零件

在装配图中，当某个零件的形状未表达清楚而又对理解装配关系有影响时，可另外单独画出该零件的某一视图，如图 8-4 中的泵盖 B 所示。

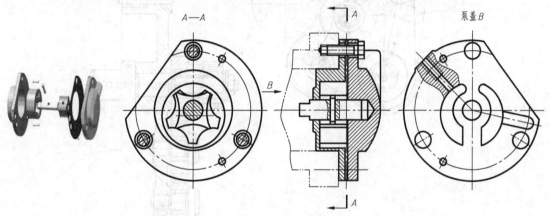

图 8-4　拆去滑动轴承盖等零件

### 4. 夸大画法

在画装配图时，有时会遇到薄片零件、细丝零件、微小间隙等，对这些零件或间隙，无法按其实际尺寸画出，或者虽能如实画出，但不能明确地表达其结构（如圆锥销及锥形孔的锥度很小时），均可采用夸大画法，即可把垫片厚度、弹簧直径及锥度都适当夸大画出，如图 8-2 所示。

### 5. 假想画法

为了表示与本部件有装配关系但又不属于本部件的其他相邻零部件时，可采用假想画法，将其他相邻零部件用双点画线画出。如图 8-5 所示的与车床尾座相邻的床身导轨就是用双点画线画出的。为了表示运动零件的运动

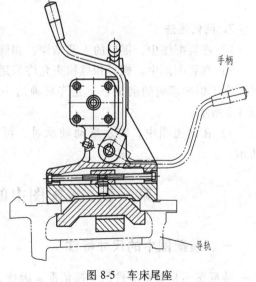

图 8-5　车床尾座

范围或极限位置，可先在一个极限位置上画出该零件，再在另一个极限位置上用双点画线画出其轮廓。如图 8-5 所示的车床尾座锁紧手柄的运动极限位置就是用双点画线画出的。

**6. 展开画法**

为了表达某些重叠的装配关系，如多级传动变速箱，为了表示齿轮传动顺序和装配关系，可以假想将空间轴系按其传动顺序展开在一个平面上，画出剖视图，这种画法称为展开画法。如图 8-6 所示的交换齿轮架的装配图左视图就是采用了展开画法。

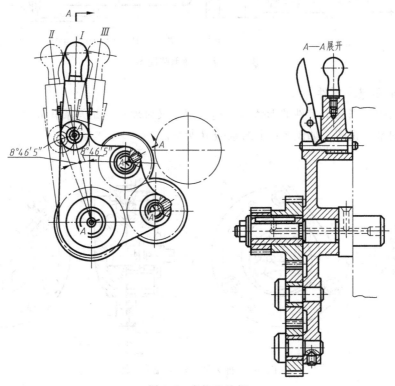

图 8-6　交换齿轮架

**7. 简化画法**

1）在装配图中，零件的工艺结构，如圆角、倒角、退刀槽等允许不画，如图 8-2 所示。

2）在装配图中，螺母和螺栓头允许采用简化画法。当遇到螺纹紧固件等相同的零件组时，在不影响理解的前提下，允许只画出一处，其余可只用细点画线表示其中心位置，如图 8-2 所示。

3）在剖视图中，表示滚动轴承时，可采用规定画法，也可采用通用画法，如图 8-2 所示。

# 第三节　装配图中的尺寸标注和技术要求

## 一、装配图中的尺寸标注

装配图不是制造零件的直接依据，因此，装配图中不需要注出零件的全部尺寸，只需要注出一些必要的尺寸。这些尺寸是根据装配图的作用确定的，应该进一步说明机器的性能、工作原理、装配关系和安装要求。装配图上应标注下列 5 种尺寸。

**1. 性能（规格）尺寸**

它是表示机器或部件的性能和规格的尺寸，这些尺寸在设计时就已确定。它也是设计机器、了解和选用机器的依据。如图 8-1 所示平口钳的钳口宽度 75 及钳口最大张开尺寸 60 均为性能尺寸。

**2. 装配尺寸**

（1）配合尺寸　表示两个零件之间有配合要求的尺寸，它表示了零件间的配合性质和相对运动情况，如图 8-1 所示平口钳装配图上的 $\phi18H11/c11$，是由公称尺寸和孔与轴的公差带代号所组成的，是拆画零件图时确定零件尺寸偏差的依据。

（2）相对位置尺寸　表示装配机器和拆画零件图时，需要保证的零件间相对位置的尺寸，是装配、调整所需要的尺寸。如图 8-1 所示丝杠中心线至底面距离 15 为相对位置尺寸。

**3. 外形尺寸**

外形尺寸表示机器或部件外形轮廓的尺寸，即总长、总宽、总高。当机器或部件包装、运输时，以及厂房设计和安装机器时需要考虑外形尺寸，图 8-1 所示平口钳装配图中的 208（总长），59（总高）、125（总宽）是外形尺寸。

**4. 安装尺寸**

机器或部件安装在地基上或与其他机器或部件相连接时所需要的尺寸就是安装尺寸。如图 8-1 所示安装螺栓槽的中心距 100 为安装尺寸。

**5. 其他重要尺寸**

它是在设计中经过计算确定或选定的尺寸，但又未包括在上述 4 种尺寸之中。这种尺寸在拆画零件图时不能改变。

## 二、装配图中的技术要求

不同性能的机器（或部件），其技术要求也各不相同。因此，拟订某一机器（或部件）的技术要求时也要进行具体分析。装配图中的技术要求主要包括以下 4 项。

**1. 装配要求**

包括装配后必须保证的准确度说明；需要在装配时加工的说明；装配后零件间关系的要求、对密封处的要求等。

**2. 检验要求**

包括基本性能的检验方法、条件及所要达到的标准。

**3. 使用要求**

对产品的基本性能、维护、保养的要求以及使用操作时的注意事项加以说明。

**4. 其他方面的要求**

对于一些高精密或特种机器设备，要对它们的运输、周围环境、地基、防腐、温度要求等加以说明。

上述各项内容并不要求每张装配图全部注写，而应根据具体情况确定。零件图上已有的技术要求在装配图上一般不再注写。

## 第四节　装配图中的零、部件序号及明细栏、标题栏

为便于读图、装配、图样管理以及做好生产准备工作，要对装配图上每种不同的零件、部件进行编号，这种编号称为零、部件的序号。同时要编制相应的明细栏，以了解零件的名称、材料、数量等，有利于读图和图样管理。

### 一、零件序号的编排方法和规定

装配图中的序号由指引线、小黑点和数字组成。指引线应自零件的可见轮廓线内引出，并在引出端画小黑点，在另一端横线上（或圆内）填写零件的序号。指引线、横线、圆圈都用细实线画出。

序号的编写通常要注意以下几点。

1）图样中每一种规格的零件或组件都要进行编号。形状、尺寸完全相同的零件或者同一标准件，只编写一个序号，并将该零件的相关信息填写在明细栏中。零、部件序号与明细栏中的序号必须一致，如图8-1所示。

2）标注序号时，应从所指定零、部件的可见轮廓线内用细实线画出指引线，并注写序号，序号字高比该装配图中所注尺寸数字大一号或两号，若所指零件很薄或剖面涂黑时可画箭头，指向该部分的轮廓，如图8-7所示。

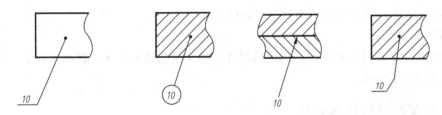

图8-7　零件序号注写

3）零、部件序号应沿水平或垂直方向按顺时针（或逆时针）依次排列整齐，并尽可能均匀分布，不可彼此相交，如图8-1所示。当通过有剖面线的区域时，不应与剖面线平行。必要时指引线可以画成折线，但只允许弯折一次。

4）一组紧固件以及装配关系清楚的零件组，可采用公共指引线，如图8-8所示。

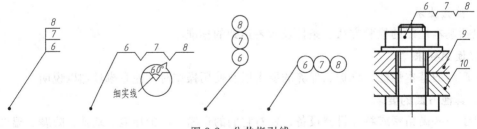

图8-8　公共指引线

5）零件装配图中的标准件，可像非标准件那样统一编写序号，如图8-9所示，也可不编写序号，而是将标准件的数量及规格直接用指引线标在图中，如图8-10所示。

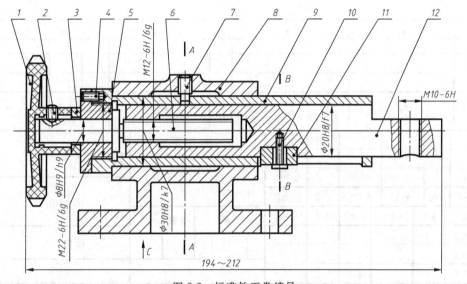

图 8-9　标准件正常编号

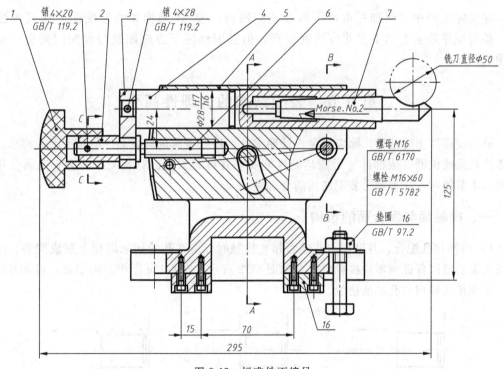

图 8-10　标准件不编号

## 二、标题栏和明细栏

装配图标题栏与零件图的标题栏格式一致。装配图的明细栏画在标题栏上方，外框左右为粗实线，如图 8-11 所示。假如地方不够，也可在标题栏的左方再画一排。

明细栏中，零件序号编写的顺序是从下往上，以便增加零件时可以继续向上画格填

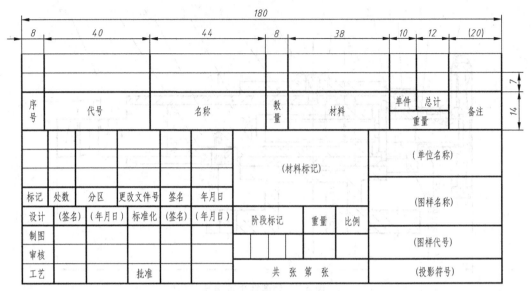

| 序号 | 代号 | 名称 | 数量 | 材料 | 单件 | 总计 | 备注 |
|---|---|---|---|---|---|---|---|

图 8-11　装配图标题栏及明细栏格式

写。在实际生产中，明细栏也可不画在装配图内，按 A4 幅面作为装配图的续页单独绘出，编写顺序是从上到下，并可连续加页，但在明细栏下方应配置与装配图完全一致的标题栏。

# 第五节　装配结构的合理性简介

机器或部件上的结构，除应满足设计要求外，还要考虑机器或部件的装配工艺要求。为使零件装配成机器（或部件）后能达到性能要求并拆装方便，对装配结构有一定的合理性要求。本节将讨论几种常见装配结构的合理性。

## 一、接触面与配合面的结构

1）当轴和孔配合，且轴肩与孔端面相互接触时，应在孔的接触端面上制成倒角，或在轴肩根部切槽以保证两零件接触良好。如图 8-12 所示，在 8-12c 图中，由于轴肩根部存在圆角，不能保证轴肩与孔端面接触。

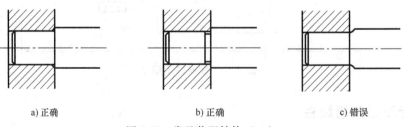

a) 正确　　　　　　　　b) 正确　　　　　　　　c) 错误

图 8-12　常见装配结构（一）

2）两个零件接触时，同一方向上的接触面在无特殊要求的情况下应该只有一个，这样既可满足装配要求，制造也比较方便。如图 8-13 所示为三组常见装配结构的示例。

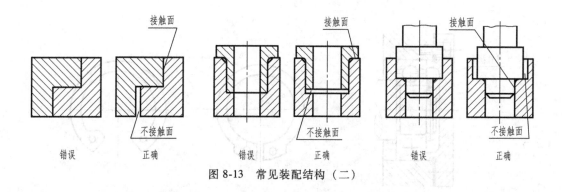

图 8-13　常见装配结构（二）

## 二、螺纹连接的合理结构

除了螺纹连接的结构以外，为了便于拆装，设计时必须留出扳手的活动空间和装、拆螺栓的空间，如图 8-14 所示。

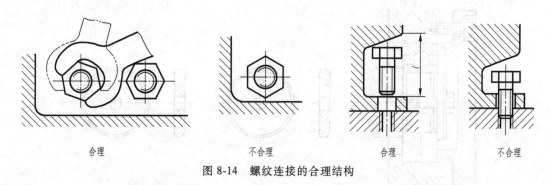

合理　　　　　　　不合理　　　　　　　合理　　　　　　　不合理

图 8-14　螺纹连接的合理结构

## 三、轴向零件的固定结构

为了防止滚动轴承等轴上零件产生轴向窜动，必须采用一定的结构来固定。下面的几种方法常用来固定滚动轴承及轴端零件。

### 1. 用轴肩、孔肩固定轴承

如图 8-15 所示，当用轴肩、孔肩固定轴承的内、外圈时，其高度应小于轴承内或外圈的厚度，以便拆卸。

### 2. 用弹性挡圈固定轴承

如图 8-16a 所示为用弹性挡圈固定轴承内外圈。弹性挡圈为标准件（见图 8-16b），弹性挡圈和轴端环槽的尺寸可参阅《机械设计手册》。

### 3. 用轴端挡圈固定轴承

如图 8-17a 所示为用轴端挡圈固定轴承内圈。轴端挡圈（见图 8-17b）为标准件，尺寸可参阅《机械设计手册》。为了使挡圈能够压紧轴承内圈，轴颈的长度要小于轴承的宽度，否则挡圈起不到固定轴承的作用。

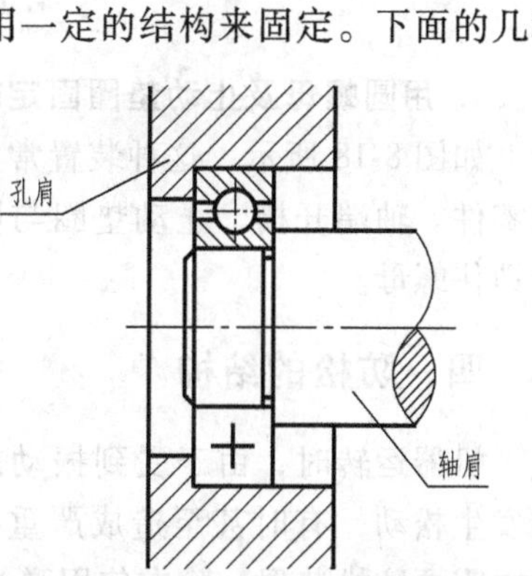

图 8-15　用轴肩、孔肩固定轴承

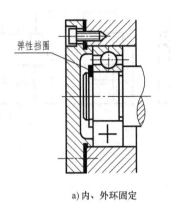

a) 内、外环固定

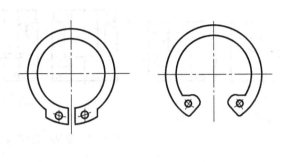

b) 弹性挡圈

图 8-16 用弹性挡圈固定轴承

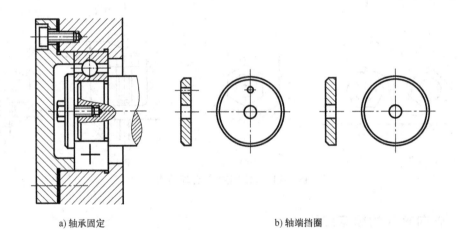

a) 轴承固定

b) 轴端挡圈

图 8-17 用轴端挡圈固定轴承

### 4. 用圆螺母及止动垫圈固定轴端零件

如图 8-18 所示,这种装置常用来固定安装在轴端部的零件。轴端开槽,止动垫圈与圆螺母联合使用,可直接锁住螺母。

## 四、防松的结构

机器运转时,由于受到振动或冲击,螺纹连接间可能发生松动,有时甚至造成严重事故,因此,在某些机构中需要防松装置,除在使用弹簧垫圈和开口销锁紧外,还有下面几种常用的防松结构。

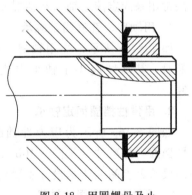

图 8-18 用圆螺母及止动垫圈固定轴端零件

### 1. 用双螺母锁紧

如图 8-19a 所示,依靠两螺母在拧紧后螺母之间产生的轴向力,使内外螺纹牙之间的摩擦力增大而防止螺母自动松脱。

### 2. 用双耳止动垫片锁紧

如图 8-19b 所示，使用时，将双耳止动垫圈的"长耳朵"紧靠被压紧件的边沿折下去，当六角螺母拧紧后，将双耳止动垫圈的"短耳朵"立起来，分别向螺母和被连接件侧面弯折贴紧，贴在螺母或螺栓的侧平面上，即可锁紧螺母。

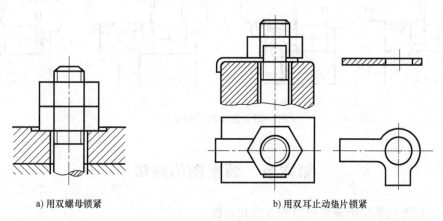

a) 用双螺母锁紧　　　　　　　　　b) 用双耳止动垫片锁紧

图 8-19　常用的防松结构

## 五、密封防漏的结构

在机器或部件中，为了防止内部液体外漏，同时防止外部灰尘、杂质侵入，要采用密封防漏措施，如图 8-20 所示为两种防漏的典型例子。用压盖或螺母将填料压紧，起到防漏作用，压盖要画在开始压填料的位置，表示填料刚刚加满。

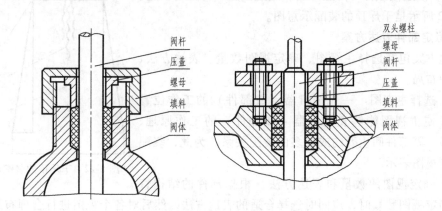

图 8-20　防漏结构

滚动轴承需要进行密封，一方面是防止外部的灰尘和水分进入轴承，另一方面也要防止轴承的润滑剂渗漏。常见的滚动轴承的密封方法如图 8-21 所示。各种密封方法所用的零件，有的已经标准化，如密封圈和毡圈，有的某些局部结构标准化，如轴承盖的毡圈槽、油沟等，其尺寸要从有关手册中查取。图 8-21a、c 中的密封圈在轴的一侧按规定画法画出，在轴的另一侧按通用画法画出。

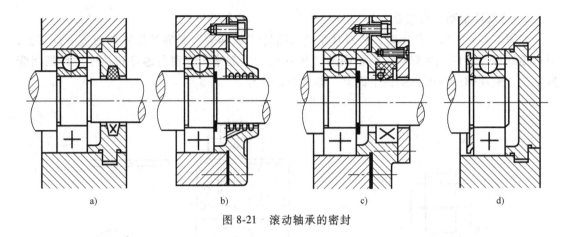

a)  b)  c)  d)

图 8-21  滚动轴承的密封

# 第六节  装配图的画法

以千斤顶为例来介绍画装配图的方法和步骤。

### 1. 分析部件

绘图前，要先对所画对象进行必要的分析，了解部件的功能、工作原理、结构特点以及零件之间的装配关系，知道零件间的相对位置和拆卸方法等。

千斤顶是利用螺旋传动来顶举重物的一种起重工具，常用于汽车修理和机械安装中。使用时，需按逆时针方向转动旋转杆 3，使起重螺杆 2 向上升起，通过顶盖 5 将重物顶起。如图 8-22 所示是千斤顶的装配示意图。

### 2. 拟定部件表达方案

表达方案包括选择主视图、确定视图数量、表达方法、进行合理布局。

（1）选择主视图  一般按机器（或部件）的工作位置摆放，并使主视图能够表达机器（或部件）的工作原理、传动关系、零部件间主要的或较多的装配关系。为此，装配图常用剖视图表示。

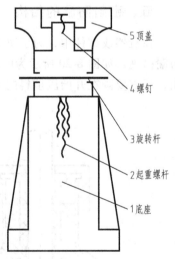

5顶盖

4螺钉

3旋转杆

2起重螺杆

1底座

图 8-22  千斤顶的装配示意图

（2）确定视图的数量和表达方法  根据部件的结构特点，在确定视图数量时，应同时选择合适的表达方法，然后对各个视图进行合理布局。

千斤顶的主视图采用全剖视图表示其工作原理、传动关系以及零件间的主要装配关系。除采用一个全剖的主视图外，还要采用一个俯视图，以清楚地表达千斤顶的结构形状。

### 3. 绘图步骤

1）根据所拟订的表达方案，画主要基准线。千斤顶主视图以座体的地面高度方向为主要基准，俯视图以轴孔中心对称线为前后方向主要基准。在画这些线时，要选定合适位置，考虑总体布局，如图 8-23a 所示。

2）参照装配示意图 8-22，沿装配主干线依次画齐各零件轮廓。顺序为：底座（见图 8-23b），螺套、螺钉（见图 8-23c），螺杆，顶垫（见图 8-23d），旋转杆，螺钉、端盖（见图 8-23e）。

3）检查所画视图，加深图线并标注尺寸。

4）编写零、部件序号，填写明细栏，标题栏，技术要求，完成全图（见图 8-23f）。

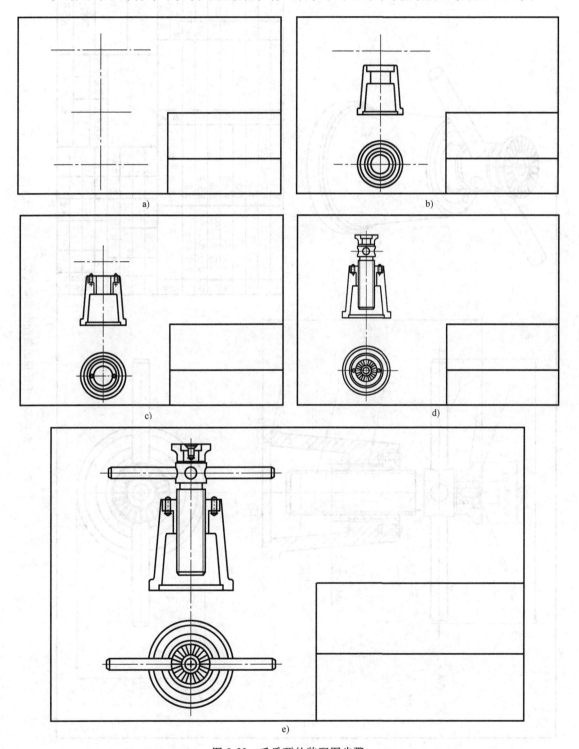

图 8-23　千斤顶的装配图步骤

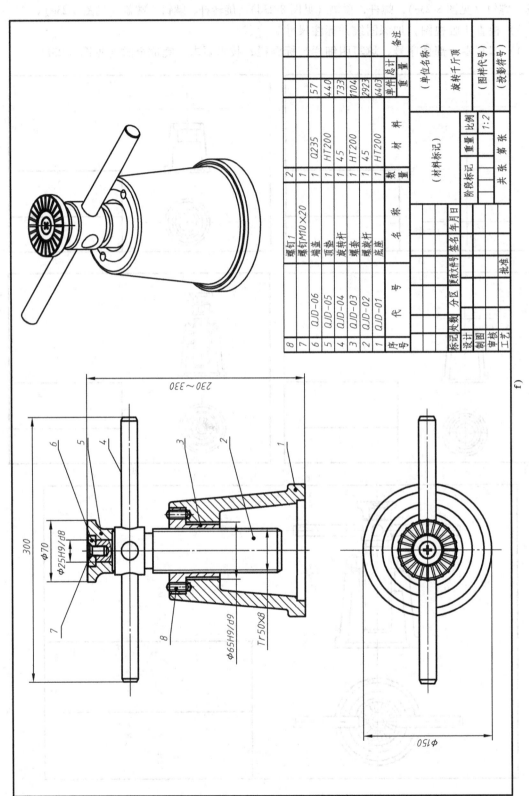

| 序号 | 代号 | 名称 | 数量 | 材料 | 单件 | 总计 | 备注 |
|---|---|---|---|---|---|---|---|
| | | | | | 重量 | | |
| 8 | | 螺钉1 | 2 | | | | |
| 7 | QJD-06 | 螺钉M10×20 | 1 | Q235 | 57 | | |
| 6 | QJD-05 | 端盖 | 1 | HT200 | 440 | | |
| 5 | QJD-04 | 顶垫 | 1 | 45 | 733 | | |
| 4 | QJD-03 | 旋转杆 | 1 | HT200 | 1104 | | |
| 3 | QJD-02 | 螺套 | 1 | 45 | 2923 | | |
| 2 | QJD-01 | 螺旋杆 | 1 | HT200 | 6403 | | |
| 1 | | 底座 | | | | | |

| 标记 | 处数 | 分区 | 更改文件号 | 签名 | 年月日 | | （材料标记） | | | 旋转千斤顶 | | | （单位名称） |
|---|---|---|---|---|---|---|---|---|---|---|---|---|
| 设计 | | | | | | | | | | | | |
| 制图 | | | | | 阶段标记 | 重量 | 比例 | | | | | （图样代号） |
| 审核 | | | | | | | 1:2 | | | | | |
| 工艺 | | 批准 | | | 共 张 | 第 张 | | | | | | （投影符号） |

图 8-23 千斤顶的装配图图步骤（续）

f)

# 第七节 读装配图

在部件的设计、装配、安装、调试及进行技术交流时，都需要读装配图，因此，具备读装配图的能力非常重要。

## 一、读装配图的基本要求

1）了解部件的功用、使用性能和工作原理。
2）弄清各零件的作用、零件之间的相对位置、装配关系及连接方式等。
3）读懂各零件的结构形状。
4）了解尺寸和技术要求等。
读装配图时，重要的是读懂部件的工作原理、装配关系及主要零件的结构形状。

## 二、读装配图的方法与步骤

现以图 8-24 齿轮泵为例，说明读装配图的方法及步骤。

### 1. 概括了解

1）看标题栏，并参阅有关资料（产品使用说明书等），了解部件的名称、用途和使用性能等。

2）看零件序号和明细栏，了解各零件的名称、数量，找到它们在图中的位置。由图形的比例及外形尺寸，了解部件的大小。

3）分析视图，弄清各视图的名称、投影关系、所采用的表达方式和所表达的主要内容。

如图 8-25 所示的标题栏，从部件的名称齿轮油泵，可知它是润滑系统中的一种供油装置，其作用是将油送到有相对运动的两零件之间进行润滑，减少零件的摩擦与磨损。

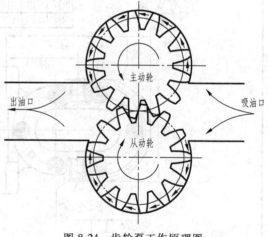

图 8-24 齿轮泵工作原理图

由明细栏和零件的序号可知，它是由左泵盖 1、泵体 3、右泵盖 6、主动齿轮轴 4 和轴套 2 等16 个零件组成的。

齿轮泵装配图由三个视图表达。全剖的主视图表达了部件主要的装配关系及相关的工作原理，左视图局部剖出油孔，表达了部件吸、压油的工作原理及其外部特征。

### 2. 分析部件的工作原理和装配关系

1）从表达运动关系的视图入手，分析部件的工作原理。图 8-25 的左视图及主视图表达了部件吸、压油的工作原理，如图 8-24 所示，当主动齿轮逆时针转动时，带动从动轮顺时针转动，两轮啮合区右边的油被轮齿带走，压力降低，形成负压，油池中的油在大气压力作用下被吸入。随着齿轮的转动，齿槽中的油不断被带到齿轮啮合区的左边，形成高压油，然后从出油口将油压出，通过管路将油送到需要润滑的部位（如齿轮、轴承等）。

2）弄清零件间的配合关系、连接固定方式以及各零件的安装部位，分析部件的装配关系。

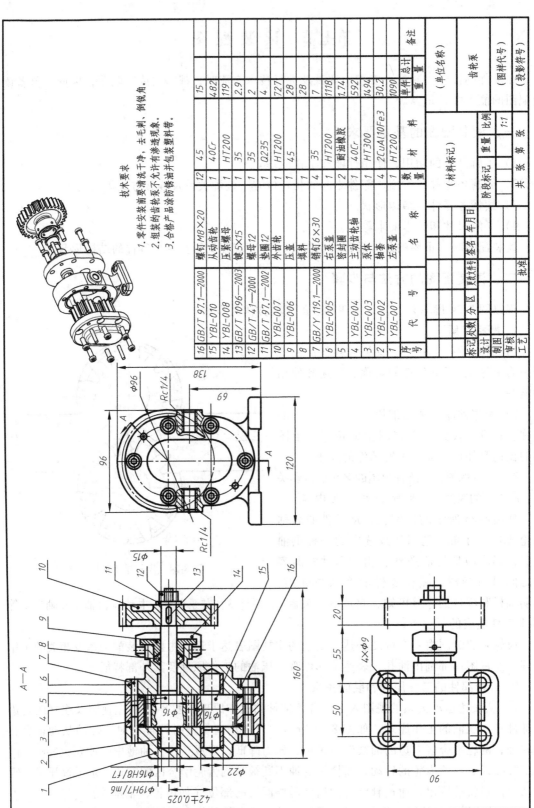

图 8-25　齿轮泵装配图

技术要求

1. 零件安装前要清洗干净，去毛刺，倒锐角。
2. 组装的齿轮泵不允许有渗透现象。
3. 合格产品涂防锈油并包装塑料带。

| 序号 | 代号 | 名称 | 数量 | 材料 | 单件 | 总计 | 备注 |
|---|---|---|---|---|---|---|---|
| | | | | | 重量 | | |
| 16 | GB/T 97.1—2000 | 螺钉 M8×20 | 12 | 45 | 15 | | |
| 15 | YBL-010 | 从动齿轮 | 1 | 40Cr | 4.82 | | |
| 14 | YBL-008 | 压紧螺母 | 1 | HT200 | 119 | | |
| 13 | GB/T 1096—2003 | 键 5×15 | 1 | 35 | 2.9 | | |
| 12 | GB/T 41—2000 | 螺母 12 | 1 | 35 | 2 | | |
| 11 | GB/T 97.1—2002 | 垫圈 12 | 1 | Q235 | 4 | | |
| 10 | YBL-007 | 杯齿轮 | 1 | HT200 | 727 | | |
| 9 | YBL-006 | 压盖 | 1 | HT200 | 28 | | |
| 8 | | 填料 | 1 | 45 | 28 | | |
| 7 | GB/Y 119.1—2000 | 销钉 6×30 | 4 | 35 | 7 | | |
| 6 | YBL-005 | 右泵盖 | 1 | HT200 | 1118 | | |
| 5 | | 密封圈 | 2 | 耐油橡胶 | 1.74 | | |
| 4 | YBL-004 | 主动齿轮轴 | 1 | 40Cr | 592 | | |
| 3 | YBL-003 | 泵体 | 1 | HT300 | 14.94 | | |
| 2 | YBL-002 | 轴套 | 4 | 2CuA110Fe3 | 30.2 | | |
| 1 | YBL-001 | 左泵盖 | 1 | HT200 | 1090 | | |

| 标记 | 处数 | 分区 | 更改标引 | 签名 | 年月日 | | | | |
|---|---|---|---|---|---|---|---|---|
| 设计 | | | | | | （单位名称） | | 齿轮泵 |
| 制图 | | | | | | | | |
| 审核 | | | | | | （材料标记） | | |
| 工艺 | | 批准 | | | | 阶段标记 | 重量 | 比例 1:1 |
| | | | | | | | | （图样代号） |
| | | | | | 共 张 | 第 张 | | （投影符号） |

图 8-25 的齿轮泵主要由两条装配线组成，泵体 3 的空腔容纳一对齿轮，两根齿轮轴分别支承在左、右端盖的轴孔中，主动齿轮轴的伸出端设有密封装置。

① 分析零件的配合关系。根据图中配合尺寸的符号，判别零件的配合制、配合种类、轴与孔的公差等级等。从图 8-25 中轴与孔的配合尺寸 $\phi16H8/f7$，可知轴与孔的配合属于基孔制间隙配合，说明轴在孔中是转动的。

② 分析零件的连接固定方式。要弄清部件中的每一个零件的位置是如何定位、零件间用什么方式连接和固定的。图 8-25 的齿轮泵的左、右端盖与泵体通过 6 个内六角螺钉连接，并用两个圆柱销使其准确定位。

③ 分析采用的密封装置。为了防止油的泄漏和外界的水分、灰尘进入泵内，齿轮泵的左、右端盖与泵体之间加了垫片，轴的伸出端加了密封装置，通过密封圈 5、压盖 9 和压紧螺母 14 密封。

### 3. 分析零件，弄清零件的结构形状

分析零件时的顺序：一般先看主要零件，后看次要零件；先从容易区分零件轮廓的视图开始，再看其他视图。

确定零件形状结构的方法如下：

1）对投影，分析形体。首先分离零件，根据零件序号、剖面线方向和间隔的不同、实心件不剖及视图间的投影关系等，将零件从各视图中分离出来。

2）看尺寸，定形状。例如，若尺寸数字前有 $\phi$，就可确定其形状为圆柱面。

3）将作用、加工、装配工艺综合考虑加以判断。根据零件在部件中的作用及与之相配的其他零件的结构，进一步弄懂零件的局部结构，并把分析零件的投影、作用、加工方法、装拆方便与否等综合起来考虑，最后确定并想象出零件的形状。

### 4. 综合归纳分析

综合分析读图内容，把它们有机地联系起来，系统理解装配体的工作原理和结构特点，分析装配线的装拆顺序以及各零件的功能结构和装配关系等。

## 三、由装配图拆画零件图

现以图 8-25 中的泵体（零件 3）为例，在看懂装配图后，介绍零件结构的分析及拆画方法。

**例** 根据图 8-25 所示的齿轮泵装配图，分析其中泵体（零件 3）的结构，并绘制其零件图。

分析及作图：

### 1. 分离零件，确定其结构形状

根据剖面线的倾斜方向，将泵体的投影从主视图中分离出来，再根据视图间的投影关系，找到它在另两视图中的投影轮廓，如图 8-26 所示，其主要形体由以下两部分组成：

（1）主体部分 长圆形内腔，上下为半圆柱孔，容纳一对齿轮。左、右两个凸起内有进、出油孔与泵腔内相通。据结构常识"内圆外也圆"，故凸起外表面也是圆柱面。泵体左右有与左右端盖连接用的螺钉孔和销孔。

（2）底板部分 底板是用来固定齿轮泵的。结合主、左两视图可知，底板是长方形，下面的凹槽是为了减少加工面，使泵体固定平稳。底座两边各有一个

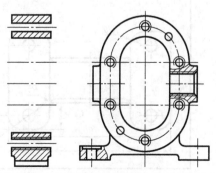

图 8-26 拆出泵体

固定齿轮泵用的螺栓孔。

经过以上分析，想象泵体整体结构形状（见图7-9a）。

### 2. 确定零件的视图表达方案

由于装配图的表达是从整个部件的角度来考虑的，因此装配图的视图表达不一定适合零件的表达需要，在拆画时，应根据零件的结构形状进行全面考虑。对于该泵体来说，装配图中的表达方案仍可以使用。

### 3. 完善零件的结构

在装配图上，零件的细小工艺结构，如倒角、倒圆、退刀槽等往往被省略。拆画时，这些结构必须补全，并加以标准化。

### 4. 补全零件图所缺尺寸

装配图上已注出的尺寸，应在相关零件图上直接注出，未注的尺寸，可在装配图上直接量取并按比例算出，数值可适当圆整。标准结构或工艺结构，应查阅相关标准进行标注，相邻零件接触面的有关尺寸和连接件的有关定位尺寸必须一致，拆画时应一并将它们注在相关零件图上，对于配合尺寸和重要的相对位置尺寸，应注出公差要求。

### 5. 确定零件技术要求

零件图上的技术要求，应根据零件的作用、与其他零件的装配关系、结构工艺方面的知识或同类图样确定。

拆画出的泵体零件图如图8-27所示。

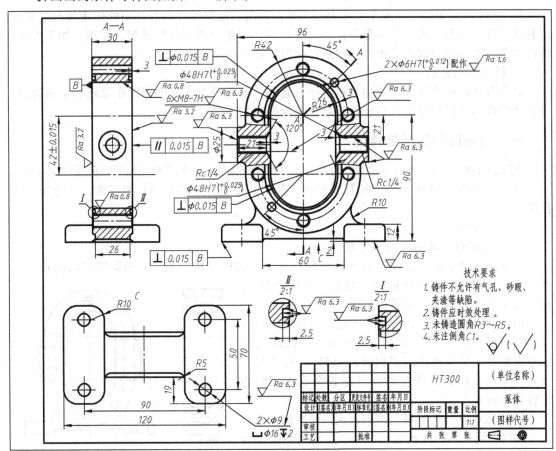

图 8-27　泵体零件图

# 第九章

# 焊接图与展开图

在工程领域中，除了常见的零件图和装配图外，还经常接触到其他工程图样，如工件的焊接图与钣金件的展开图，它们都是重要的技术文件，用于指导工件的生产加工与质量检测。本章将对焊接图、展开图进行简单介绍。

## 第一节 焊 接 图

焊接是通过加热或加压，或者两者并用，并且用或不用填充材料，使焊接件达到原子结合且不可拆卸连接的一种方法。这种方法常用于零件的连接和工件的加工成形，广泛应用于机械、化工、造船、建筑等工程领域。通过焊接的方法获得的构件常称之为焊接件，简称焊件。焊缝是焊件经焊接成形后所形成的结合部分，它直接影响着焊件的质量与使用寿命，是管控焊件的关键因素。

用于表达焊件的工程图样称为焊接图。焊接图不仅要对焊件的内外结构表达清楚，还要对焊接的相关内容予以表达。国家标准 GB/T 5185—2005、GB/T 12212—2012 和 GB/T 324—2008 规定了焊接图中焊缝的画法、符号、尺寸标注方法和焊接方法的表示代号等内容。在技术制图中，也可按 GB/T 4458.1—2002 等规定的制图方法表示焊缝。

### 一、焊接接头种类

焊接接头是指由焊接形成的连接端头。常见的焊接接头有四种，分别是对接接头、T 形接头、角接接头和搭接接头，如图 9-1 所示。

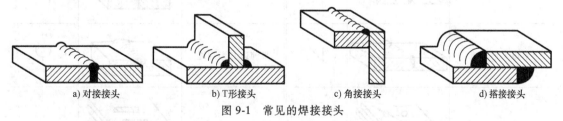

a) 对接接头     b) T形接头     c) 角接接头     d) 搭接接头

图 9-1　常见的焊接接头

### 二、常见的焊接方法代号

焊接方法有许多种，常用的有：电弧焊、电渣焊、点焊、气焊和钎焊等。焊接方法可用文字在技术要求中注明，也可用数字代号直接注写在尾部符号中。常用的焊接方法及代号，见表 9-1。

表 9-1　焊接方法及代号

| 焊接方法 | 代号 | 焊接方法 | 代号 |
|---|---|---|---|
| 电弧焊 | 1 | 气焊 | 3 |
| 焊条电弧焊 | 111 | 氧乙炔焊 | 311 |
| 埋弧焊 | 12 | 压力焊 | 4 |
| 等离子弧焊 | 15 | 锻焊 | 43 |
| 电阻焊 | 2 | 电渣焊 | 72 |
| 点焊 | 21 | 激光焊 | 52 |
| 缝焊 | 22 | 电子束焊 | 51 |
| 凸焊 | 23 | 硬钎焊 | 91 |
| 闪光焊 | 24 | 软钎焊 | 94 |

## 三、焊缝符号

在焊接图上标注的焊接方法、焊缝形式和焊缝尺寸等的符号称为焊缝符号。焊缝符号一般由基本符号与指引线组成，必要时还可以增加辅助符号、补充符号和焊缝尺寸符号。

在焊接图样中，焊缝图形符号的线宽、字体、字高等应与图样中的其他符号（如几何公差符号、表面粗糙度符号）的线宽、字体、字高一致。

### 1. 基本符号

焊缝的基本符号是表示焊缝横截面形状的符号，常用焊缝的基本符号见表 9-2。

表 9-2　常用焊缝的基本符号

| 焊缝名称 | 焊缝形式 | 符号 | 焊缝名称 | 焊缝形式 | 符号 |
|---|---|---|---|---|---|
| I 形焊缝 | | ‖ | 带钝边 V 形焊缝 | | Y |
| 角焊缝 | | ◺ | 带钝边单边 V 形焊缝 | | Ⅼ |
| V 形焊缝 | | ∨ | 带钝边 J 形焊缝 | | Ⴒ |
| 单边 V 形焊缝 | | ⋁ | 带钝边 U 形焊缝 | | Y |
| 点焊缝 | | ○ | 塞焊缝或槽焊缝 | | ⊓ |

### 2. 指引线

指引线由带箭头的斜线和两条相互平行的基准线（一条为细实线，另一条为细虚线）组成，如图9-2所示。细虚线可画在细实线上方或下方，基准线一般为水平线。带箭头斜线用细实线绘制，可以折弯一次，箭头要指向焊缝处。当需要说明焊接方法时，可在基准线末端加尾部符号。

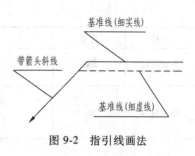

图 9-2  指引线画法

### 3. 辅助符号

焊接图中表示焊缝表面形状特征的符号，见表9-3。不需要明确地说明焊缝表面形状时，可以不加注此符号。

表 9-3  常用的辅助符号

| 名称 | 符号 | 示意图 | 标注示例 | 说明 |
|---|---|---|---|---|
| 平面符号 | ——— | | | 焊缝表面平齐（一般通过加工） |
| 凹面符号 | ⌣ | | | 焊缝表面凹陷 |
| 凸面符号 | ⌢ | | | 焊缝表面凸起 |

### 4. 补充符号

补充符号是焊接图中为了补充说明焊缝某些特征而采用的符号，见表9-4。

表 9-4  补充符号及标注示例

| 名称 | 符号 | 示意图 | 标注示例 | 说明 |
|---|---|---|---|---|
| 带垫板符号 | ▭ ▭M ▭MR | | | 表示 V 形焊缝的底部有垫板说明：▭M 为衬垫永久保留 ▭MR 为衬垫在焊接完成后拆除 |
| 三面焊缝符号 | ⊐ | | | 工件三面带有焊缝且焊接方法为焊条电弧焊 |
| 周围焊缝符号 | ○ | | | 表示绕工件周围的焊接 |

(续)

| 名称 | 符号 | 示意图 | 标注示例 | 说明 |
|------|------|--------|----------|------|
| 现场符号 | ▶ | | 见周围焊缝标注示例 | 表示在现场或工地上进行焊接的焊缝 |
| 尾部符号 | ＜ | | 见三面焊缝标注示例 | 在该符号后面,可参照 GB/T 16901.1 标注焊接工艺方法以及焊缝条数等内容 |

### 四、焊缝的标注

#### 1. 基本符号的位置

为了在图样中清楚地表示焊缝位置,国家标准规定了基本符号相对于基准线的位置,如图 9-3 所示。

1)如果焊缝在箭头线所指的一侧时,则将基本符号标在基准线的实线侧,如图 9-3a 所示。

2)如果焊缝在箭头线所指的背面时,则将基本符号标在基准线的虚线侧,如图 9-3b 所示。

3)标注对称焊缝及双面焊缝时,可不加虚线,如图 9-3c、d 所示。

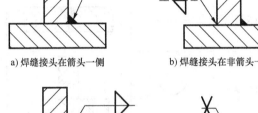

a)焊缝接头在箭头一侧　　　b)焊缝接头在非箭头一侧

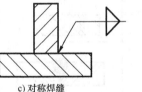
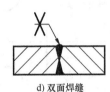

c)对称焊缝　　　　　　d)双面焊缝

图 9-3　基本符号相对于基准线的位置

#### 2. 焊缝尺寸符号及数据的标注

焊缝尺寸的标注,如图 9-4 所示。

1)焊缝横截面上的尺寸,标在基本符号的左侧。

2)焊缝长度方向的尺寸,标在基本符号的右侧。

3)坡口角度、坡口面角度、根部间隙等尺寸标在基本符号的上侧或下侧。

4)相同焊缝数量符号标在尾部。

5)当需要标注的尺寸数据较多又不易分辨时,可在数据前面增加相应的尺寸符号。

6)焊接方法代号标注在尾部符号中。

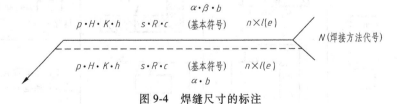

图 9-4　焊缝尺寸的标注

常用的焊缝尺寸符号见表 9-5。

### 五、常见焊缝标注

常见焊缝标注示例见表 9-6。

表 9-5　常用的焊缝尺寸符号

| 符号 | 名称 | 示意图 | 符号 | 名称 | 示意图 |
|---|---|---|---|---|---|
| $\delta$ | 工件厚度 | 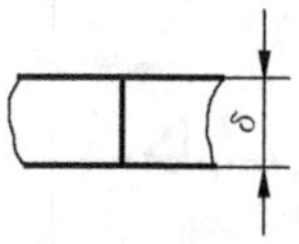 | $e$ | 焊缝间距 | 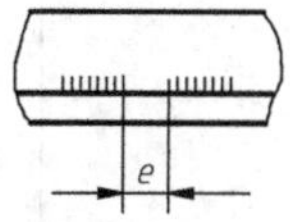 |
| $\alpha$ | 坡口角度 | 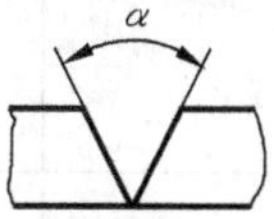 | $K$ | 焊脚尺寸 | 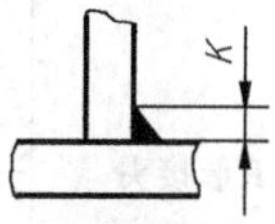 |
| $b$ | 根部间隙 | 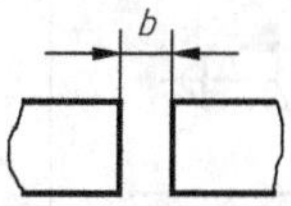 | $d$ | 点焊:熔核直径<br>塞焊:孔径 | 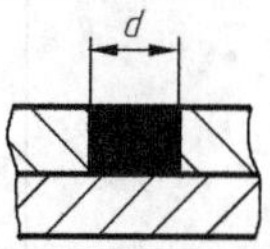 |
| $p$ | 钝边 | 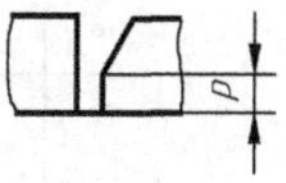 | $S$ | 焊缝有效厚度 | 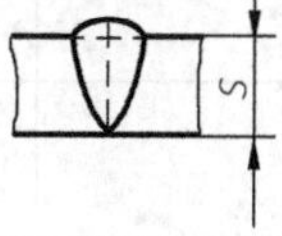 |
| $c$ | 焊缝宽度 | 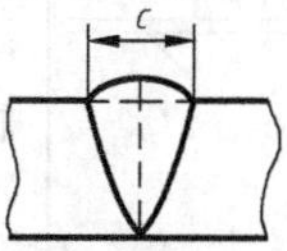 | $N$ | 相同焊缝数量符号 |  |
| $R$ | 根部半径 | 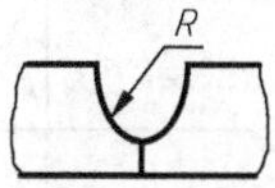 | $H$ | 坡口深度 | 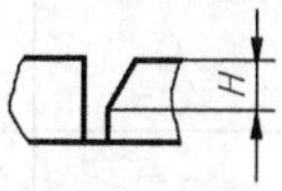 |
| $l$ | 焊缝长度 | 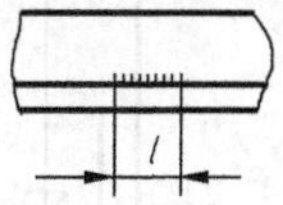 | $h$ | 余高 | 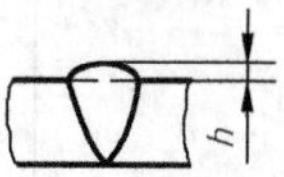 |
| $n$ | 焊缝段数 | 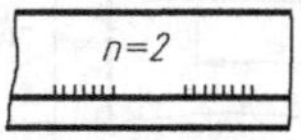 | $\beta$ | 坡口面角度 | 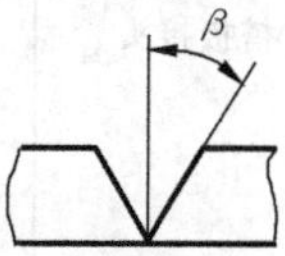 |

表 9-6　常见焊缝标注示例

| 接头形式 | 焊缝形式 | 标注示例 | 说明 |
|---|---|---|---|
| 对接接头 | 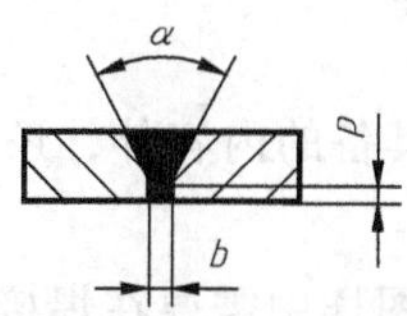 | 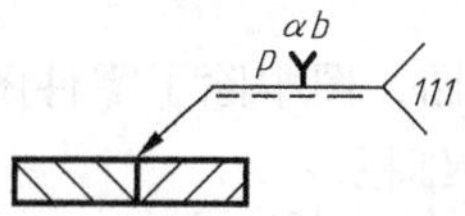 | 111 表示焊条电弧焊,带钝边 V 形焊缝,坡口角度为 $\alpha$,钝边为 $p$,根部间隙为 $b$ |
| | 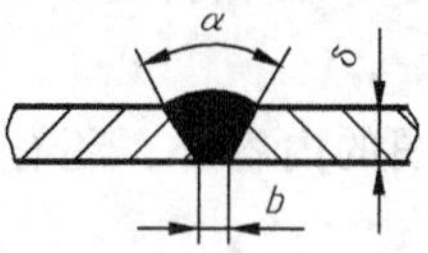 | 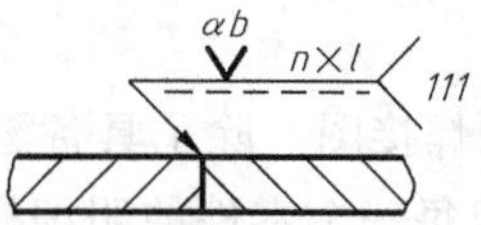 | 111 表示焊条电弧焊,V 形焊缝,坡口角度为 $\alpha$,根部间隙为 $b$,有 $n$ 段焊缝,焊缝长度为 $l$ |

（续）

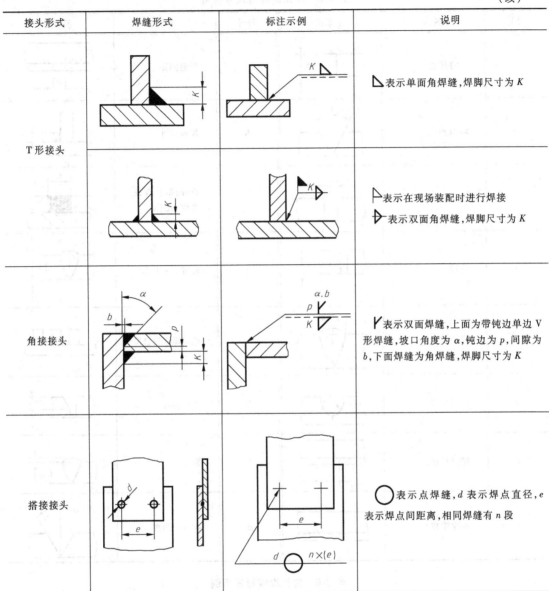

| 接头形式 | 焊缝形式 | 标注示例 | 说明 |
|---|---|---|---|
| T形接头 | | | ◤ 表示单面角焊缝，焊脚尺寸为 $K$ |
| | | | ⌐ 表示在现场装配时进行焊接<br>◣ 表示双面角焊缝，焊脚尺寸为 $K$ |
| 角接接头 | | | ⎸ 表示双面焊缝，上面为带钝边单边 V 形焊缝，坡口角度为 $\alpha$，钝边为 $p$，间隙为 $b$，下面焊缝为角焊缝，焊脚尺寸为 $K$ |
| 搭接接头 | | | ◯ 表示点焊缝，$d$ 表示焊点直径，$e$ 表示焊点间距离，相同焊缝有 $n$ 段 |

## 六、焊接图示例

如图 9-5 所示为法兰盘的焊接图，图中除了零件图应具备的内容外，还有与焊接有关的标注和反映法兰盘每一个零件的明细栏。

从明细栏可知法兰盘是由两个零件通过焊接而形成。图样中需要在焊接部位标注焊接符号，明确焊缝的要求和焊缝尺寸。焊接符号表达的内容是：双面角焊缝，焊脚尺寸为 6mm，每面焊缝首尾相接焊成环形。

如图 9-6 所示，为十字接头的焊接图。除了具备零件图的内容外，还有与焊接有关的焊接标注、焊接技术要求和反映机架每一个零件的明细栏。

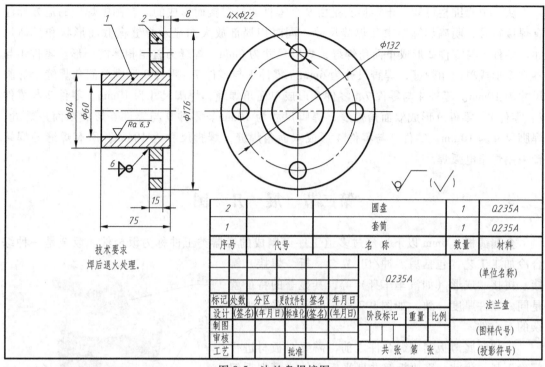

图 9-5　法兰盘焊接图

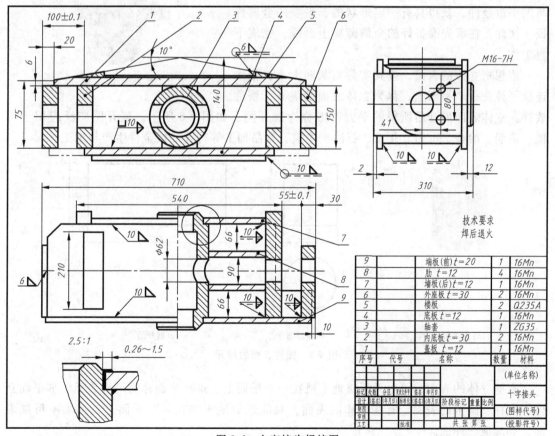

图 9-6　十字接头焊接图

从图中明细栏可知，十字接头是由9个零件通过焊接而形成的。在图中焊接的地方标注有焊接符号，明确焊缝要求和焊缝尺寸，同时用局部放大图显示焊缝横截面形状和具体尺寸。零件1与零件2形成单面角焊缝，焊脚尺寸为6mm，焊缝为首尾相连的环形。零件1与零件6形成单面角焊缝，焊脚尺寸为6mm。零件1与零件7、零件9形成单面角焊缝，焊脚尺寸为10mm。零件4与零件7、零件9形成单面角焊缝，焊脚尺寸为10mm。零件2与零件7、零件8、零件9形成双面角焊缝，焊脚尺寸为10mm。零件9与零件6形成双面角焊缝，焊脚尺寸为10mm。零件2与零件4形成双面角焊缝，焊脚尺寸为10mm。所有焊缝的焊接皆采用焊条电弧焊。

# 第二节　展　开　图

金属薄板（6mm以下）经过多道工序而制成的容器类工件称为钣金件。钣金是一种综合冷加工工艺，包括剪、冲/切/复合、折、焊接、铆接、拼接、成形（如汽车车身）等，其显著的特征就是同一零件厚度一致。如图9-7所示的除尘器，为复杂的钣金件。

一块金属薄板制成钣金件之前，需要对板材进行精确下料。为此，需要拆解并展平钣金件或模拟拆解与展平钣金件，获得具有一定形状的、平整的金属样板。据此，在事先准备好的金属薄板上画线，完成下料工作。

图9-7　除尘器

假想把立体的表面，按其实际形状和大小，依次连续平摊在一个平面上，称为立体表面的展开，俗称放样。立体表面展开后所得的平面图形称为展开图，如图9-8所示。展开图广泛应用于机械、造船、冶金、电力、化工、石油、建筑、食品加工等行业的钣金件生产与加工。

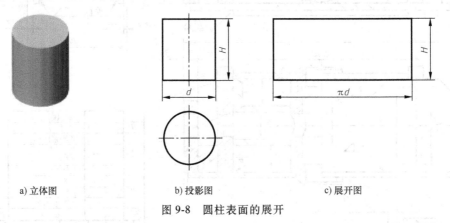

a) 立体图　　　　　　b) 投影图　　　　　　c) 展开图

图9-8　圆柱表面的展开

有些立体的表面，可以无折皱地平摊在一个平面上，这种表面称为可展表面。如平面立体、圆柱、圆锥的表面。有些立体的表面，只能近似地平摊在一个平面上，称为不可展表面，如球面、环面。

立体的表面假想被展开，若要再围合成一个立体，需要在展开面的起始端与终止端各设计一个接口，以便连接。接口的位置，应按照节约材料、方便加工、易于安装的原则来选择。接口连接的时候，若采用咬缝连接，需要根据咬缝形式、材料厚度，增加咬缝裕量。

展开图的绘制方法有两种：图解法与计算法。本节只简单介绍图解法。

## 一、平面立体的表面展开

### 1. 棱柱表面的展开

如图 9-9a、图 9-9b 所示为斜口四棱柱管的立体图与投影图。由于四棱柱的上端口为齐口，下端口为平口，且四条棱皆处于铅垂线位置，所以斜口四棱柱管的四个棱面均为四边形。前、后棱面处于正平面位置，所以正面投影反映前、后棱面实形。左、右棱面的高与宽可由正面投影和水平投影确定，故斜口四棱柱管的四个棱面均可绘出，其展开图如图 9-9c 所示。

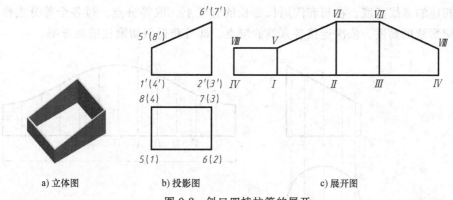

a) 立体图　　　　　　　b) 投影图　　　　　　　c) 展开图

图 9-9　斜口四棱柱管的展开

### 2. 棱台表面的展开

如图 9-10a、图 9-10b 所示为平口四棱锥管的立体图与投影图。由于四棱锥上、下端口皆为平口，且处于水平面位置，所以四个棱面皆为等腰梯形，投影图不能反映棱面的实形。

为了绘制展开图，需要知道四个棱面的实形。水平投影反映了等腰梯形上、下底的实长，为了便于绘图和使展开图连贯，还需要知道等腰梯形腰及对角线的实长。如图 9-10c 所示，根据正面投影所反映棱台的高、腰及对角线在水平投影面上的投影，可以采用几何作图求出腰的实长和对角线的实长。

先绘制 $NB = nb$，分别以 $B$、$N$ 为圆心，$BC$、$BD$ 为半径画圆，交点找出 $C$ 点，同理找出其他点，绘制展开图如图 9-10d 所示。

## 二、曲面立体的表面展开

### 1. 圆柱表面的展开

（1）斜切圆柱表面的展开　如图 9-11a、图 9-11b 所示为斜口圆管的立体图与投影图。由于圆柱表面的素线都是铅垂线，所以正面投影可以反映素线的实长。可将圆柱下底面等分，等分的份额越多展开图绘制越准确。由水平投影找出底圆上各等分点的位置，对应正面

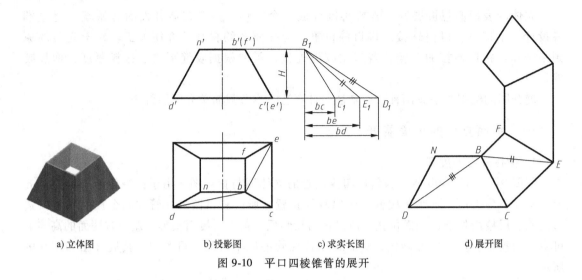

a) 立体图　　　　　　b) 投影图　　　　　　c) 求实长图　　　　　　d) 展开图

图 9-10　平口四棱锥管的展开

投影找出相应的素线高度。在与底圆周长等长的直线上，取等分点，过各个等分点作垂线，并截取对应素线的高度，依次连接各素线的端点，即可获得斜切圆柱的展开图。

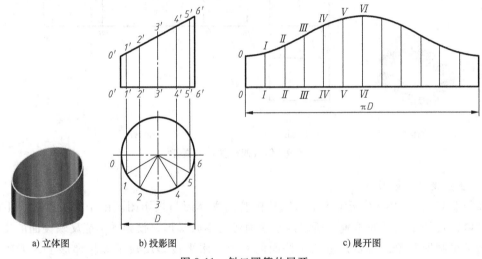

a) 立体图　　　　　　b) 投影图　　　　　　　　　　c) 展开图

图 9-11　斜口圆管的展开

（2）直角弯曲圆柱表面的展开　如图 9-12a、图 9-12b 所示为直角弯曲圆柱的立体图与投影图。在管道设计中，等径直角弯管用来连接两根垂直相交、直径相等的圆管。由于圆环是不可展曲面，因此在设计弯管时，一般不采用图 9-12a 所示的圆环，而是采用多段圆柱组成，如图 9-12c 所示。图 9-12c 为工程上常用的五节斜口圆管拼接而成的直角弯管，中间三节叫全节，首尾两节叫半节，半节可用一个全节在对称面处分开得到。

从等径直角弯管的五节中，取一个单元节 B 节，如图 9-12d 所示，按斜口圆柱管的展开方法进行展开，得到如图 9-12e 所示的展开图。

为了方便作图和合理下料，将五节斜口圆管拼成一个直圆管来展开，如图 9-12f 所示。拼成一个直圆管的展开图，如图 9-12g 所示。其作图方法与斜口圆柱的展开方法相同。

（3）等径相贯圆柱表面的展开　如图 9-13a、图 9-13b 所示为等径三通圆管的立体图与

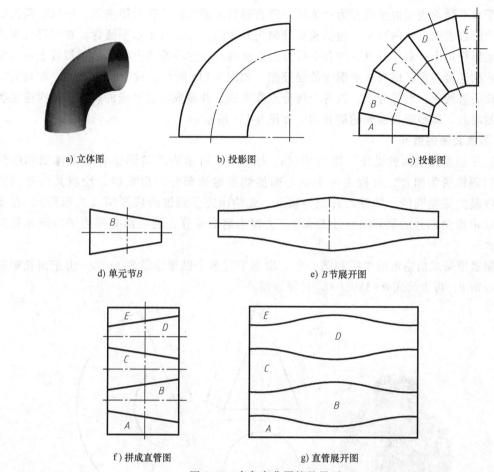

a) 立体图          b) 投影图          c) 投影图

d) 单元节B          e) B节展开图

f) 拼成直管图          g) 直管展开图

图 9-12  直角弯曲圆柱的展开

投影图。绘制等径三通圆管的展开图，以相贯线为界，分别绘制出水平圆管的展开图和竖直圆管的展开图。

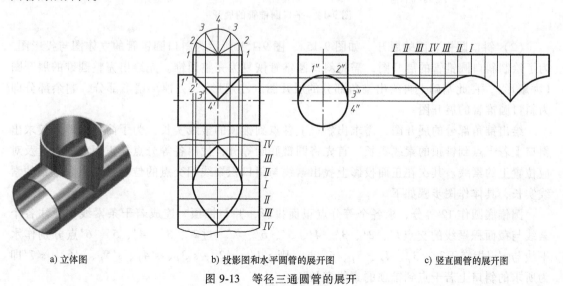

a) 立体图          b) 投影图和水平圆管的展开          c) 竖直圆管的展开图

图 9-13  等径三通圆管的展开

由于水平圆管表面的素线皆为侧垂线，竖直圆管表面的素线皆为铅垂线，所以正面投影反映各个圆管表面素线的实长，包括相贯处缺失素线的实长。对于水平圆管，在与管口周长等长的矩形长边上，取等分点，过各个等分点作垂线，在这些垂线上，求出相贯线上各点的位置，依次连接各点，即得水平圆管的展开图，如图 9-13b 所示。对于竖直圆管，在与管口周长等长的直线上，取等分点，过各个等分点作垂线，并截取对应素线的高度，依次连接各个素线的端点，即得竖直圆管的展开图，如图 9-13c 所示。

**2. 圆锥表面的展开**

（1）平口圆锥表面的展开　如图 9-14a、图 9-14b 所示为平口圆锥管的立体图和投影图。平口圆锥管为圆台，可视为一个空心圆锥切去锥角部分而形成的，绘制其展开图需将圆台恢复为完整圆锥。圆锥展开图为扇形，先绘出完整圆锥的展开图（大扇形），在此基础上绘出锥角部分的展开图（小扇形），去掉小扇形部分，剩余部分即为平口圆锥管的展开图。

绘制扇形需求出扇形的半径和圆心角。扇形半径等于圆锥素线实长 $L_2$，由正面投影获取。圆心角 $\theta$，可由公式 $\theta = 180°D/L_2$ 计算获得。

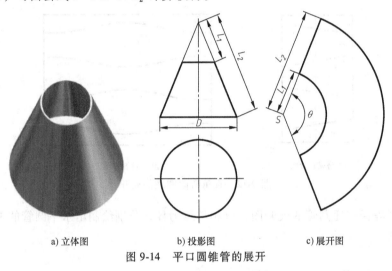

a) 立体图　　　b) 投影图　　　c) 展开图

图 9-14　平口圆锥管的展开

（2）斜口圆锥表面的展开　如图 9-15a、图 9-15b 所示为斜口圆锥管的立体图与投影图。为了绘制斜口圆锥管的展开图，需将斜口圆锥管恢复为完整圆锥。先绘出完整圆锥的展开图（大扇形），在此基础上再绘出锥角部分的展开图（小扇形），去掉小扇形部分，剩余部分即为斜口圆锥管的展开图。

绘出锥角部分的展开图，需求出斜口上各点到锥顶的素线实长，为了简化作图，仅求出斜口上若干点到锥顶的素线实长。首先将圆锥底圆等分，找出各等分点在正面上的位置及对应位置上的素线。其次在正面投影上找出素线与斜口积聚线相交点的位置及交点到锥顶的素线实长，具体作图步骤如下。

圆锥底圆作 12 等分，求各个等分点正面投影，并与锥顶 $s'$ 连成若干条素线，标注各个素线与截面积聚线的交点 $1'$、$2'$、$3'$、$4'$、$5'$、$6'$、$7'$。过 $2'$、$3'$、$4'$、$5'$、$6'$ 点分别作水平线与 $s'a'$ 相交于 $2_1$、$3_1$、$4_1$、$5_1$、$6_1$ 点，则 $s'1'$、$s'2_1$、$s'3_1$、$s'4_1$、$s'5_1$、$s'6_1$、$s'7'$ 即为所求的斜口上若干点到锥顶的素线实长。

在完整圆锥的展开图（扇形）上，作 12 等分，并作出等分线。将 $s'1'$、$s'2_1$、$s'3_1$、$s'4_1$、$s'5_1$、$s'6_1$、$s'7'$ 的实长依次在等分线上量取，获得 Ⅰ、Ⅱ、Ⅲ、Ⅳ、Ⅴ、Ⅵ、Ⅶ 等点。通过对称作图，找出剩余等分线上各点，连接各点，即得到锥角部分的展开图。斜口圆锥管的展开图，如图 9-15c 所示。

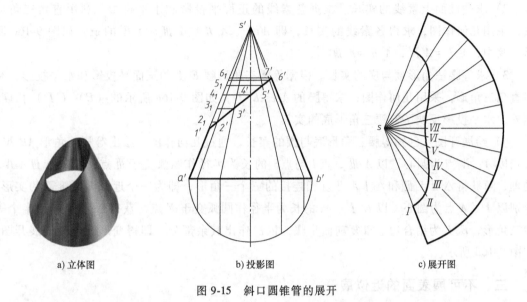

a) 立体图　　　　　b) 投影图　　　　　c) 展开图

图 9-15　斜口圆锥管的展开

### 3. 变形管接头表面的展开

如图 9-16a、图 9-16b 所示为变形管接头的立体图与投影图。变形管接头用来连通两段形状不同的管道，使通道形状不断变化，减小过渡处的阻力，以使流体顺畅通过。变形管接头表面是由四个等腰三角形平面和四个斜椭圆锥面组成。为了方便绘制展开图，常用若干棱锥面近似代替斜椭圆锥面，再求出等腰三角形的实形，即可绘出展开图。

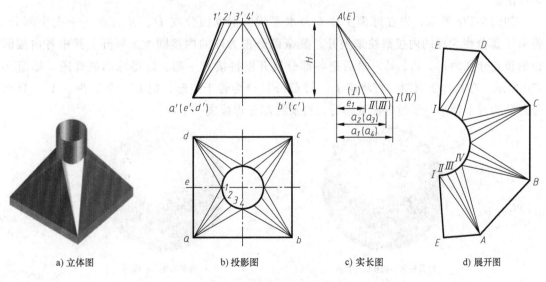

a) 立体图　　　　b) 投影图　　　　c) 实长图　　　　d) 展开图

图 9-16　变形管接头的展开

1）棱锥面和等腰三角形平面投影的求法。在水平投影上，将上底圆周作 12 等分，考虑对称与重复，仅取 1/4 圆周作三等分，得等分点 *1*、*2*、*3*、*4*。找其正面投影点 *1'*、*3'*、*4'*。把各等分点与下底矩形相应的顶点连接，即得锥面上素线和四个等腰三角形的两面投影，如图 9-16b 所示。

2）求棱锥面上素线的实长。根据各素线的正面平投影和水平投影，利用直角三角形法，采用几何作图，求得各素线的实长，即 A Ⅰ、A Ⅱ、A Ⅲ、A Ⅳ 的长，如图 9-16c 所示，其中，A Ⅰ =A Ⅳ，A Ⅱ =A Ⅲ。

3）求等腰三角形腰与底的实长。根据等腰三角形腰 E Ⅰ 的正面平投影和水平投影，利用直角三角形，采用几何作图，求得腰的实长 E Ⅰ，如图 9-16c 所示的（E）（Ⅰ）长度。此外，水平投影反映了等腰三角形底的实长。

4）绘展开图。已知等腰三角形底与腰的实长，通过几何作图，绘出等腰三角形 AB Ⅳ。分别以 A、Ⅳ 点为圆心，以 A Ⅲ、点4 与点3 的长为半径作圆弧交于 Ⅲ 点，获得△ Ⅲ A Ⅳ。同理，可获得△ Ⅱ A Ⅲ 和△ Ⅰ A Ⅱ。相连接的三个三角形，即为一个近似椭圆锥面的实形。分别以 Ⅰ、A 点为圆心，以 E Ⅰ、ea 的长为半径作圆弧交于 E 点，获得△ Ⅰ AE，为半个等腰三角形，E Ⅰ 为结合边。重复前面步骤，依次作出其余部分，即得变形管接头的展开图，如图 9-16d 所示。

### 三、不可展表面的近似展开

以曲线为母线的双向曲面，如球面，属不可展表面，在工程上只能用近似法展开。

对于球，在近似展开时，常把它划分成若干与其接近的可展曲面小块来代替，如小块柱面或锥面，如图 9-17a 所示，即把球面分解为小块柱面或锥面。也可用小块平面来代替，如图 9-17b 所示，把球面分解为矩形和梯形。

球面的展开常用的方法有近似锥面法、近似柱面法和近似变形法，本节仅简单介绍近似锥面法。

如图 9-17c 所示，先在球面上作 6 条水平线，把球面分成 Ⅰ、Ⅱ、Ⅲ……七个部分。将第 Ⅰ 部分视为球的内接圆柱来展开，其余各视为球的内接圆锥来展开。其中各内接圆锥的顶点分别为 $s'_1$、$s'_2$、$s'_3$。最后把各部分展开图拼接在一起，即得球的展开图，如图 9-17d 所示。在具体下料时，可将第 Ⅰ、Ⅶ 部分再分为若干矩形，把 Ⅱ、Ⅲ、Ⅳ、Ⅴ、Ⅵ 部分再分为若干梯形。经过弯曲变形后，将所有部分焊接成一个球。

a) 分解为小块柱面或锥面　　　　　　　　　b) 分解为矩形和梯形

图 9-17　球面的近似锥面法展开

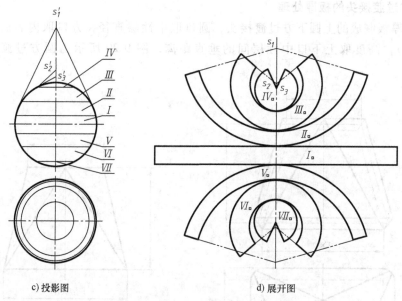

c)投影图    d)展开图

图 9-17    球面的近似锥面法展开（续）

## 四、钣金件展开的厚度处理

### 1. 圆管制件展开长度的板厚处理

由于变形前后中性层尺寸保持不变，如图 9-18 所示，所以凡断面为曲线形的较厚钣金件，画展开图时，以中性层作为绘图或计算的依据，如图 9-19 所示为圆管展开的板厚处理。

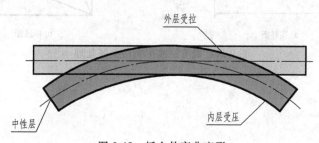

图 9-18    钣金件弯曲变形

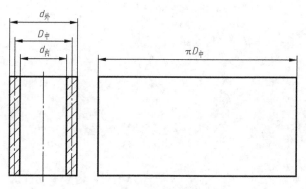

图 9-19    圆管展开的板厚处理

## 2. 圆方过渡接头的板厚处理

对于由厚板制成的上圆下方过渡接头，圆口取中性层直径，方口取内表面尺寸（精度要求不高时），高度取上下口中性层间的垂直距离，图 9-20 所示为圆方过渡接头的板厚处理。

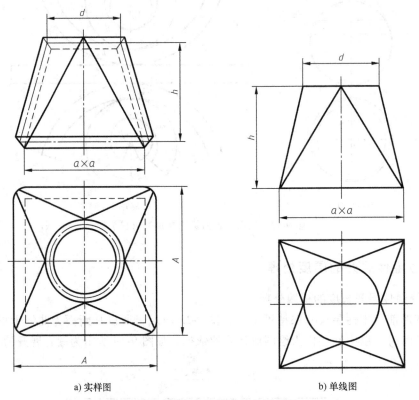

a) 实样图　　　　　　　　　　b) 单线图

图 9-20　圆方过渡接头的板厚处理

# ·附 录·

## 附录 A　普通螺纹牙型、直径与螺距（摘自 GB/T 192—2003，GB/T 193—2003）

（单位：mm）

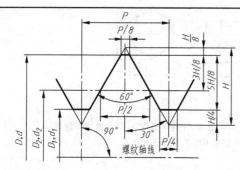

$D$—内螺纹基本大径（公称直径）

$d$—外螺纹基本大径（公称直径）

$D_2$—内螺纹基本中径

$d_2$—外螺纹基本中径

$D_1$—内螺纹基本小径

$d_1$—外螺纹基本小径

$P$—螺距

$H$—原始三角形高度

标记示例：

M10（粗牙普通外螺纹、公称直径 $d=10$、右旋、中径及大径公差带均为 6g、中等旋合长度）

M10×1-LH（细牙普通内螺纹、公称直径 $D=10$、螺距 $P=1$、左旋、中径及大径公差带均为 6H、中等旋合长度）

| 公称直径 $D$、$d$ | | | 螺距 $P$ | |
|---|---|---|---|---|
| 第一系列 | 第二系列 | 第三系列 | 粗牙 | 细牙 |
| 4 | | | 0.7 | 0.5 |
| 5 | | | 0.8 | 0.5 |
| | | 5.5 | | 0.5 |
| 6 | | | 1 | 0.75 |
| | 7 | | 1 | 0.75 |
| 8 | | | 1.25 | 1、0.75 |
| | | 9 | 1.25 | 1、0.75 |
| 10 | | | 1.5 | 1.25、1、0.75 |
| | | 11 | 1.5 | 1.5、1、0.75 |
| 12 | | | 1.75 | 1.25、1 |
| | 14 | | 2 | 1.5、1.25、1 |
| | | 15 | | 1.5、1 |
| 16 | | | 2 | 1.5、1 |
| | | 17 | | 1.5、1 |
| 20 | 18 | | 2.5 | 2、1.5、1 |
| | | | 2.5 | 2、1.5、1 |
| | 22 | | 2.5 | 2、1.5、1 |
| 24 | | | 3 | 2、1.5、1 |
| | | 25 | | 2、1.5、1 |

（续）

| 公称直径 $D$、$d$ | | | 螺距 $P$ | |
|---|---|---|---|---|
| 第一系列 | 第二系列 | 第三系列 | 粗牙 | 细牙 |
| | | 26 | | 1.5 |
| | 27 | | 3 | 2、1.5、1 |
| | | 28 | | 2、1.5、1 |
| 30 | | | 3.5 | (3)、2、1.5、1 |
| | 33 | 32 | | 2、1.5 |
| | | | 3.5 | (3)、2、1.5 |
| | | 35 | | 1.5 |
| 36 | | | 4 | 3、2、1.5 |
| | | 38 | | 1.5 |
| | 39 | | 4 | 3、2、1.5 |

注：M14×1.25 仅用于火花塞；M35×1.5 仅用于滚动轴承的锁紧螺母。优先选用第一系列。

## 附录 B 六角头螺栓 （单位：mm）

六角头螺栓—C 级（摘自 GB/T 5780—2016）

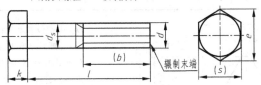

标记示例：

螺栓 GB/T 5780 M20×100

（螺纹规格 $d$＝M20、公称长度 $l$＝100、性能等级为 4.8 级、不经表面处理、杆身半螺纹、C 级的六角头螺栓）

六角头螺栓—全螺纹—C 级（摘自 GB/T 5781—2016）

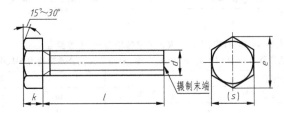

标记示例：

螺栓 GB/T 5781 M12×80

（螺纹规格 $d$＝M12、公称长度 $l$＝80、性能等级为 4.8 级、不经表面处理、全螺纹、C 级的六角头螺栓）

| 螺纹规格 $d$ | | M5 | M6 | M8 | M10 | M12 | M16 | M20 | M24 | M30 | M36 | M42 | M48 |
|---|---|---|---|---|---|---|---|---|---|---|---|---|---|
| $b$参考 | $l \le 125$ | 16 | 18 | 22 | 26 | 30 | 38 | 46 | 54 | 66 | — | — | — |
| | $125 < l \le 200$ | 22 | 24 | 28 | 32 | 36 | 44 | 52 | 60 | 72 | 84 | 96 | 108 |
| | $l > 200$ | 35 | 37 | 41 | 45 | 49 | 57 | 65 | 73 | 85 | 97 | 109 | 121 |
| $k$公称 | | 3.5 | 4 | 5.3 | 6.4 | 7.5 | 10 | 12.5 | 15 | 18.7 | 22.5 | 26 | 30 |
| $s_{max}$ | | 8 | 10 | 13 | 16 | 18 | 24 | 30 | 36 | 46 | 55 | 65 | 75 |
| $e_{min}$ | | 8.63 | 10.89 | 14.2 | 17.59 | 19.85 | 26.17 | 32.95 | 39.55 | 50.85 | 60.79 | 71.3 | 82.6 |
| $d_{smax}$ | | 5.48 | 6.48 | 8.58 | 10.58 | 12.7 | 16.7 | 20.84 | 24.84 | 30.84 | 37 | 43 | 49 |
| $l$范围 | GB/T 5780—2016 | 25~50 | 30~60 | 40~80 | 45~100 | 55~120 | 65~160 | 75~200 | 100~240 | 120~300 | 140~360 | 180~420 | 200~480 |
| | GB/T 5781—2016 | 10~50 | 12~60 | 16~80 | 20~100 | 25~120 | 30~160 | 40~200 | 50~240 | 60~300 | 70~360 | 80~420 | 100~480 |
| $l$系列 | | 10、12、16、20~50(5 进位)、55、60、65、70~160(10 进位)、180、220~500(20 进位) | | | | | | | | | | | |

注：1. 括号内的规格尽可能不用。

2. 螺纹公差：8g（GB/T 5780—2016）；6g（GB/T 5781—2016）；机械性能等级：4.6、4.8；产品等级：C。

附录 C　I 型六角螺母　　　　　　　　　　　（单位：mm）

I 型六角螺母—A 和 B 级（摘自 GB/T 6170—2015）
I 型六角螺母—细牙—A 和 B 级（摘自 GB/T 6171—2016）
六角螺母—C 级（摘自 GB/T 41—2016）
允许制造的型式

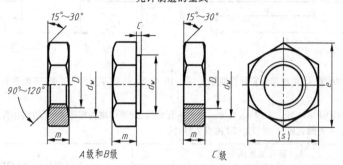

A 级和 B 级　　　　　　　　C 级

标记示例：

螺母 GB/T 41　M12

（螺纹规格为 M12、性能等级为 5 级、不经表面处理、C 级的 I 型六角螺母）

螺母 GB/T 6171　M24×2

（螺纹规格为 M24×2、螺距 $P$=2、性能等级为 10 级、不经表面处理、B 级的 I 型细牙六角螺母）

| 螺纹规格 | $D$ | M4 | M5 | M6 | M8 | M10 | M12 | M16 | M20 | M24 | M30 | M36 | M42 | M48 |
|---|---|---|---|---|---|---|---|---|---|---|---|---|---|---|
| | $D{\times}P$ | — | — | — | M8×1 | M10×1 | M12×1.5 | M16×1.5 | M20×1.5 | M24×2 | M30×2 | M36×3 | M42×3 | M48×3 |
| $C$ | max | 0.4 | 0.5 | | 0.6 | | | | | 0.8 | | | 1 | |
| | min | 0.15 | | | | | | | 0.2 | | | 0.3 | | |
| $s_{max}$ | | 7 | 8 | 10 | 13 | 16 | 18 | 24 | 30 | 36 | 46 | 55 | 65 | 75 |
| $e_{min}$ | A、B 级 | 7.66 | 8.79 | 11.05 | 14.38 | 17.77 | 20.03 | 26.75 | 32.95 | 39.55 | 50.85 | 60.79 | 71.3 | 82.6 |
| | C 级 | — | 8.63 | 10.89 | 14.2 | 17.59 | 19.85 | 26.17 | | | | | | |
| $m_{max}$ | A、B 级 | 3.2 | 4.7 | 5.2 | 6.8 | 8.4 | 10.8 | 14.8 | 18 | 21.5 | 25.6 | 31 | 34 | 38 |
| | C 级 | — | 5.6 | 6.4 | 7.9 | 9.5 | 12.2 | 15.9 | 19 | 22.3 | 26.4 | 31.5 | 34.9 | 38.9 |
| $d_{wmin}$ | A、B 级 | 5.9 | 6.9 | 8.9 | 11.63 | 14.6 | 16.6 | 22.5 | 27.7 | 33.3 | 42.8 | 51.1 | 60 | 69.5 |
| | C 级 | — | 6.7 | 8.7 | 11.5 | 14.5 | 16.5 | 22 | | | | | | |

注：1. $P$—螺距。

2. A 级用于 $D{\leqslant}16$ 的螺母；B 级用于 $D{>}16$ 的螺母；C 级用于 $D{\geqslant}5$ 的螺母。

3. 螺纹公差：A、B 级为 6H，C 级为 7H；机械性能等级：A、B 级为 6、8、10 级，C 级为 4、5 级。

## 附录 D　双头螺柱　　　　　　　　　　　　　　　　　　　（单位：mm）

$b_{m}=1d$（GB/T 897—1988）　$b_{m}=1.25d$（GB/T 898—1988）　$b_{m}=1.5d$（GB/T 899—1988）　$b_{m}=2d$（GB/T 900—1988）

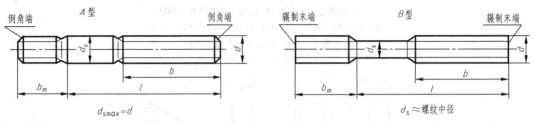

标记示例：

螺柱　GB/T 900　M10×50　（两端均为粗牙普通螺纹、$d=10$、$l=50$、性能等级为 4.8 级、不经表面处理、B 型、$b_{m}=2d$ 的双头螺柱）

螺柱　GB/T 900　AM10-10×1×50　（旋入机体一端为粗牙螺纹、旋螺母端为螺距 $P=1$ 的细牙普通螺纹、$d=10$、$l=50$、性能等级为 4.8 级、不经表面处理、A 型、$b_{m}=2d$ 的双头螺柱）

| 螺纹规格 $d$ | $b_{m}$（旋入机体端长度） | | | | $l/b$（螺柱长度/旋螺母端长度） | | | | |
| --- | --- | --- | --- | --- | --- | --- | --- | --- | --- |
| | GB/T 897 | GB/T 898 | GB/T 899 | GB/T 900 | | | | | |
| M4 | —— | —— | 6 | 8 | $\dfrac{16\sim22}{8}$ | $\dfrac{25\sim40}{14}$ | | | |
| M5 | 5 | 6 | 8 | 10 | $\dfrac{16\sim22}{10}$ | $\dfrac{25\sim50}{16}$ | | | |
| M6 | 6 | 8 | 10 | 12 | $\dfrac{20\sim22}{10}$ | $\dfrac{25\sim30}{14}$ | $\dfrac{32\sim75}{18}$ | | |
| M8 | 8 | 10 | 12 | 16 | $\dfrac{20\sim22}{12}$ | $\dfrac{25\sim30}{16}$ | $\dfrac{32\sim90}{22}$ | | |
| M10 | 10 | 12 | 15 | 20 | $\dfrac{25\sim28}{14}$ | $\dfrac{30\sim38}{16}$ | $\dfrac{40\sim120}{26}$ | $\dfrac{130}{32}$ | |
| M12 | 12 | 15 | 18 | 24 | $\dfrac{25\sim30}{16}$ | $\dfrac{32\sim40}{20}$ | $\dfrac{45\sim120}{30}$ | $\dfrac{130\sim180}{36}$ | |
| M16 | 16 | 20 | 24 | 32 | $\dfrac{30\sim38}{20}$ | $\dfrac{40\sim55}{30}$ | $\dfrac{60\sim120}{38}$ | $\dfrac{130\sim200}{44}$ | |
| M20 | 20 | 25 | 30 | 40 | $\dfrac{35\sim40}{25}$ | $\dfrac{45\sim65}{35}$ | $\dfrac{70\sim120}{46}$ | $\dfrac{130\sim180}{52}$ | |
| （M24） | 24 | 30 | 36 | 48 | $\dfrac{40\sim50}{30}$ | $\dfrac{55\sim75}{45}$ | $\dfrac{80\sim120}{54}$ | $\dfrac{130\sim200}{60}$ | |
| （M30） | 30 | 38 | 45 | 60 | $\dfrac{60\sim65}{40}$ | $\dfrac{70\sim90}{50}$ | $\dfrac{95\sim120}{66}$ | $\dfrac{130\sim200}{72}$ | $\dfrac{210\sim250}{85}$ |
| M36 | 36 | 45 | 54 | 72 | $\dfrac{65\sim75}{45}$ | $\dfrac{80\sim110}{60}$ | $\dfrac{120}{78}$ | $\dfrac{130\sim200}{84}$ | $\dfrac{210\sim300}{97}$ |
| M42 | 42 | 52 | 63 | 84 | $\dfrac{70\sim80}{50}$ | $\dfrac{85\sim110}{70}$ | $\dfrac{120}{90}$ | $\dfrac{130\sim200}{96}$ | $\dfrac{210\sim300}{109}$ |
| M48 | 48 | 60 | 72 | 96 | $\dfrac{80\sim90}{60}$ | $\dfrac{95\sim110}{80}$ | $\dfrac{120}{102}$ | $\dfrac{130\sim200}{108}$ | $\dfrac{210\sim300}{121}$ |
| $l_{系列}$ | 12、（14）、16、（18）、20、（22）、25、（28）、30、（32）、35、（38）、40、45、50、（55）、60、（65）、70、（75）、80、（85）、90、（95）、100-260（10 进位）、280、300 | | | | | | | | |

注：1. 尽可能不采用括号内的规格。

　　2. $b_{m}=1d$，一般用于钢对钢；$b_{m}=(1.25\sim1.5)d$，一般用于钢对铸铁；$b_{m}=2d$，一般用于钢对铝合金。

## 附录 E　螺钉（一）　　　　　　　　　　（单位：mm）

开槽盘头螺钉(摘自 GB/T 67—2016)　　开槽沉头螺钉(摘自 GB/T 68—2016)　　开槽半沉头螺钉(摘自 GB/T 69—2016)

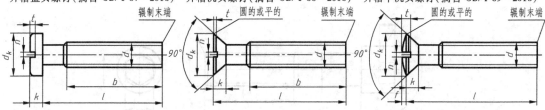

（无螺纹部分杆径≈中径，或＝螺纹大径）

标记示例：

螺钉　GB/T 67　M5×60　（螺纹规格为 M5、公称长度 $l$=60、性能等级为 4.8 级、不经表面处理的开槽盘头螺钉）

| 螺纹规格 $d$ | $P$ | $b_{min}$ | $n_{公称}$ | $r_f$ | $f$ | $k_{max}$ | | $d_{kmax}$ | | $t_{min}$ | | | $l_{范围}$ | | 全螺纹时最大长度 | |
|---|---|---|---|---|---|---|---|---|---|---|---|---|---|---|---|---|
| | | | | GB/T 69 | GB/T 69 | GB/T 67 | GB/T 68 GB/T 69 | GB/T 67 | GB/T 68 GB/T 69 | GB/T 67 | GB/T 68 | GB/T 69 | GB/T 67 | GB/T 68 GB/T 69 | GB/T 67 | GB/T 68 GB/T 69 |
| M2 | 0.4 | 25 | 0.5 | 4 | 0.5 | 1.3 | 1.2 | 4 | 3.8 | 0.5 | 0.4 | 0.8 | 2.5~20 | 3~20 | 30 | |
| M3 | 0.5 | | 0.8 | 6 | 0.7 | 1.8 | 1.65 | 5.6 | 5.5 | 0.7 | 0.6 | 1.2 | 4~30 | 5~30 | | |
| M4 | 0.7 | | 1.2 | 9.5 | 1 | 2.4 | 2.7 | 8 | 8.40 | 1 | 1 | 1.6 | 5~40 | 6~40 | | |
| M5 | 0.8 | | | | 1.2 | 3 | | 9.5 | 9.30 | 1.2 | 1.1 | 2 | 6~50 | 8~50 | | |
| M6 | 1 | 38 | 1.6 | 12 | 1.4 | 3.6 | 3.3 | 12 | 11.30 | 1.4 | 1.2 | 2.4 | 8~60 | 8~60 | 40 | 45 |
| M8 | 1.25 | | 2 | 16.5 | 2 | 4.8 | 4.65 | 16 | 15.80 | 1.9 | 1.8 | 3.2 | 10~80 | | | |
| M10 | 1.5 | | 2.5 | 19.5 | 2.3 | 6 | 5 | 20 | 18.30 | 2.4 | 2 | 3.8 | | | | |

| $l_{系列}$ | 2.5、3、4、5、6、8、10、12、(14)、16、20~50(5 进位)、(55)、60、(65)、70、(75)、80 |
|---|---|

注：螺纹公差：6g；机械性能等级：4.8、5.8；产品等级：A 级。

## 附录 F　螺钉（二）　　　　　　　　　　（单位：mm）

开槽锥端紧定螺钉　　　　　开槽平端紧定螺钉　　　　　开槽长圆柱端紧定螺钉
（摘自 GB/T 71—2018）　　（摘自 GB/T 73—2017）　　（摘自 GB/T 75—2018）

标记示例：

螺钉　GB/T 71　M5×20　（螺纹规格为 M5、公称长度 $l$=20、性能等级为 14H 级、表面氧化的开槽锥端紧定螺钉）

| 螺纹规格 $d$ | $P$ | $d_t$ | $d_{tmax}$ | $d_{pmax}$ | $n_{公称}$ | $t_{max}$ | $z_{max}$ | $l_{范围}$ | | |
|---|---|---|---|---|---|---|---|---|---|---|
| | | | | | | | | GB/T 71 | GB/T 73 | GB/T 75 |
| M2 | 0.4 | 螺纹小径 | 0.20 | 1.00 | 0.25 | 0.84 | 1.25 | 3~10 | 2~10 | 3~10 |
| M3 | 0.5 | | 0.30 | 2.00 | 0.4 | 1.05 | 1.75 | 4~16 | 3~16 | 5~16 |
| M4 | 0.7 | | 0.40 | 2.50 | 0.6 | 1.42 | 2.25 | 6~20 | 4~20 | 6~20 |
| M5 | 0.8 | | 0.50 | 3.50 | 0.8 | 1.63 | 2.75 | 8~25 | 5~25 | 8~25 |
| M6 | 1 | | 1.50 | 4.00 | 1 | 2.00 | 3.25 | 8~30 | 6~30 | 8~30 |
| M8 | 1.25 | | 2.00 | 5.50 | 1.2 | 2.50 | 4.3 | 10~40 | 8~40 | 10~40 |
| M10 | 1.5 | | 2.50 | 7.00 | 1.6 | | 5.3 | 12~50 | 10~50 | 12~50 |
| M12 | 1.75 | | 3.00 | 8.50 | 2 | 3.60 | 6.3 | 14~60 | 12~60 | 14~60 |

| $l_{系列}$ | 2、2.5、3、4、5、6、8、10、12、(14)、16、20、25、30、35、40、45、50、55、60 |
|---|---|

注：螺纹公差：6g；机械性能等级：14H、22H；产品等级：A。

## 附录 G　内六角圆柱头螺钉（摘自 GB/T 70.1—2008）　　　（单位：mm）

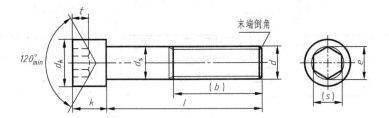

标记示例：

螺钉　GB/T 70.1　M5×20

（螺纹规格为 M5、公称长度 $l$＝20、性能等级为 8.8 级、表面氧化的内六角圆柱头螺钉）

| 螺纹规格 $d$ | | M4 | M5 | M6 | M8 | M10 | M12 | (M14) | M16 | M20 | M24 | M30 | M36 |
|---|---|---|---|---|---|---|---|---|---|---|---|---|---|
| 螺距 $P$ | | 0.7 | 0.8 | 1 | 1.25 | 1.5 | 1.75 | 2 | 2 | 2.5 | 3 | 3.5 | 4 |
| $b_{参考}$ | | 20 | 22 | 24 | 28 | 32 | 36 | 40 | 44 | 52 | 60 | 72 | 84 |
| $d_{kmax}$ | 光滑头部 | 7 | 8.5 | 10 | 13 | 16 | 18 | 21 | 24 | 30 | 36 | 45 | 54 |
| | 滚花头部 | 7.22 | 8.72 | 10.22 | 13.27 | 16.27 | 18.27 | 21.33 | 24.33 | 30.33 | 36.39 | 45.39 | 54.46 |
| $k_{max}$ | | 4 | 5 | 6 | 8 | 10 | 12 | 14 | 16 | 20 | 24 | 30 | 36 |
| $t_{min}$ | | 2 | 2.5 | 3 | 4 | 5 | 6 | 7 | 8 | 10 | 12 | 15.5 | 19 |
| $s_{公称}$ | | 3 | 4 | 5 | 6 | 8 | 10 | 12 | 14 | 17 | 19 | 22 | 27 |
| $e_{min}$ | | 3.44 | 4.58 | 5.72 | 6.86 | 9.15 | 11.43 | 13.72 | 16 | 19.44 | 21.73 | 25.15 | 30.35 |
| $d_{smax}$ | | 4 | 5 | 6 | 8 | 10 | 12 | 14 | 16 | 20 | 24 | 30 | 36 |
| $l_{范围}$ | | 6~40 | 8~50 | 10~60 | 12~80 | 16~100 | 20~120 | 25~140 | 25~160 | 30~200 | 40~200 | 45~200 | 55~200 |
| 全螺纹时最大长度 | | 25 | 25 | 30 | 35 | 40 | 45 | 55 | 55 | 65 | 80 | 90 | 100 |
| $l_{系列}$ | | 6、8、10、12、(14)、(16)、20~50(5进位)、(55)、60、(65)、70~160(10进位)、180、200 | | | | | | | | | | | |

注：1. 括号内的规格尽可能不用。

　　2. 机械性能等级：8.8、12.9。

　　3. 螺纹公差：机械性能等级 8.8 级时为 6g，12.9 级时为 5g、6g。

　　4. 产品等级：A。

附录 H　垫圈　　　　　　　　　　　　　　　　　　（单位：mm）

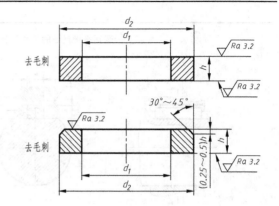

小垫圈——A 级（摘自 GB/T 848—2002）
平垫圈——A 级（摘自 GB/T 97.1—2002）
平垫圈 倒角型——A 级（摘自 GB/T 97.2—2002）
平垫圈——C 级（摘自 GB/T 95—2002）
大垫圈——A 级（摘自 GB/T 96.1—2002）
特大垫圈——C 级（摘自 GB/T 5287—2002）

标记示例：
垫圈　GB/T 95　8
（标准系列、公称尺寸 $d=8$、性能等级为 100HV 级、不经表面处理的平垫圈）
垫圈　GB/T 97.2　8
（标准系列、公称尺寸 $d=8$、性能等级为 A140 级、倒角型、不经表面处理的平垫圈）

| 公称尺寸（螺纹规格）$d$ | 标准系列 | | | | | | | | | 特大系列 | | | 大系列 | | | 小系列 | | |
|---|---|---|---|---|---|---|---|---|---|---|---|---|---|---|---|---|---|---|
| | GB/T 95（C 级） | | | GB/T 97.1（A 级） | | | GB/T 97.2（A 级） | | | GB/T 5287（C 级） | | | GB/T 96.1（A 级） | | | GB/T 848（A 级） | | |
| | $d_{1min}$ | $d_{2max}$ | $h$ | $d_{1min}$ | $d_{2max}$ | $h$ | $d_{1min}$ | $d_{2max}$ | $h$ | $d_{1min}$ | $d_{2max}$ | $h$ | $d_{1min}$ | $d_{2max}$ | $h$ | $d_{1min}$ | $d_{2max}$ | $h$ |
| 4 | — | — | — | 4.3 | 9 | 0.8 | — | — | — | — | — | — | 4.3 | 12 | 1 | 4.3 | 8 | 0.5 |
| 5 | 5.5 | 10 | 1 | 5.3 | 10 | 1 | 5.3 | 10 | 1 | 5.5 | 18 | 2 | 5.3 | 15 | 1.2 | 5.3 | 9 | 1 |
| 6 | 6.6 | 12 | 1.6 | 6.4 | 12 | 1.6 | 6.4 | 12 | 1.6 | 6.6 | 22 | | 6.4 | 18 | 1.6 | 6.4 | 11 | 1.6 |
| 8 | 9 | 16 | | 8.4 | 16 | | 8.4 | 16 | | 9 | 28 | 3 | 8.4 | 24 | 2 | 8.4 | 15 | |
| 10 | 11 | 20 | 2 | 10.5 | 20 | 2 | 10.5 | 20 | 2 | 11 | 34 | | 10.5 | 30 | 2.5 | 10.5 | 18 | |
| 12 | 13.5 | 24 | 2.5 | 13 | 24 | 2.5 | 13 | 24 | 2.5 | 13.5 | 44 | 4 | 13 | 37 | | 13 | 20 | 2 |
| 14 | 15.5 | 28 | | 15 | 28 | | 15 | 28 | | 15.5 | 50 | | 15 | 44 | 3 | 15 | 24 | |
| 16 | 17.5 | 30 | 3 | 17 | 30 | 3 | 17 | 30 | 3 | 17.5 | 56 | 5 | 17 | 50 | | 17 | 28 | 2.5 |
| 20 | 22 | 37 | | 21 | 37 | | 21 | 37 | | 22 | 72 | | 22 | 60 | 4 | 21 | 34 | 3 |
| 24 | 26 | 44 | 4 | 25 | 44 | 4 | 25 | 44 | 4 | 26 | 85 | 6 | 26 | 72 | 5 | 25 | 39 | |
| 30 | 33 | 56 | | 31 | 56 | | 31 | 56 | | 33 | 105 | | 33 | 92 | 6 | 31 | 50 | 4 |
| 36 | 39 | 66 | 5 | 37 | 66 | 5 | 37 | 66 | 5 | 39 | 125 | 8 | 39 | 110 | 8 | 37 | 60 | 5 |
| 42[①] | 45 | 78 | 8 | — | — | — | — | — | — | — | — | — | 45 | 125 | 10 | — | — | — |
| 48[①] | 52 | 92 | | — | — | — | — | — | — | — | — | — | 52 | 145 | | — | — | — |

注：1. A 级适用于静装配系列，C 级适用于中等装配系列。
　　2. C 级垫圈没有 $Ra3.2$ 和去毛刺的要求。
　　3. GB/T 848—2002 主要用于圆柱头螺钉，其他用于标准的六角螺栓、螺母和螺钉。
　① 表示尚未列入相应产品标准的规格。

### 附录 I　普通型平键及键槽各部尺寸（摘自 GB/T 1095—2003，GB/T 1096—2003）

（单位：mm）

普通平键键槽的尺寸与公差（GB/T 1095—2003）

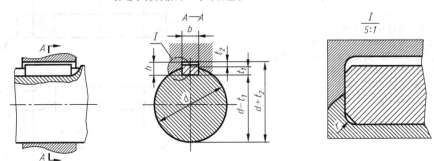

普通平键的型式与尺寸（GB/T 1096—2003）

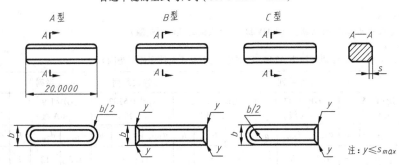

注：$y \leqslant s_{max}$

标记示例：

GB/T 1096 键 A16×10×100　（普通 A 型平键、$b=16$、$h=10$、$L=100$）
GB/T 1096 键 B16×10×100　（普通 B 型平键、$b=16$、$h=10$、$L=100$）
GB/T 1096 键 C16×10×100　（普通 C 型平键、$b=16$、$h=10$、$L=100$）

| 轴 | 键 | | 键槽 | | | | | | | | | |
|---|---|---|---|---|---|---|---|---|---|---|---|---|
| | | | 宽度 b | | | | | 深度 | | | 半径 r | |
| 公称直径 d | 键尺寸 b×h (h8)(h11) | 倒角或倒圆 s | 公称尺寸 b | 极限偏差 | | | | | 轴 $t_1$ | | 毂 $t_2$ | |
| | | | | 正常联结 | | 紧密联结 | 松联结 | | 公称尺寸 | 极限偏差 | 公称尺寸 | 极限偏差 | min | max |
| | | | | 轴 N9 | 毂 JS9 | 轴和毂 P9 | 轴 H9 | 毂 D10 | | | | | | |

| 公称直径 d | 键尺寸 b×h | 倒角或倒圆 s | 公称尺寸 b | 轴 N9 | 毂 JS9 | 轴和毂 P9 | 轴 H9 | 毂 D10 | 轴 $t_1$ 公称尺寸 | 轴 $t_1$ 极限偏差 | 毂 $t_2$ 公称尺寸 | 毂 $t_2$ 极限偏差 | min | max |
|---|---|---|---|---|---|---|---|---|---|---|---|---|---|---|
| >10~12 | 4×4 | 0.25~0.40 | 4 | 0 −0.030 | ±0.015 | −0.012 −0.042 | +0.0300 | +0.078 +0.030 | 2.5 | +0.10 | 1.8 | +0.10 | 0.08 | 0.16 |
| >12~17 | 5×5 | | 5 | | | | | | 3.0 | | 2.3 | | 0.16 | 0.25 |
| >17~22 | 6×6 | | 6 | | | | | | 3.5 | | 2.8 | | | |
| >22~30 | 8×7 | 0.40~0.60 | 8 | | ±0.018 | −0.015 −0.051 | +0.0360 | +0.098 +0.040 | 4.0 | | 3.3 | | | |
| >30~38 | 10×8 | | 10 | | | | | | 5.0 | | 3.3 | | | |
| >38~44 | 12×8 | | 12 | 0 −0.043 | ±0.0215 | −0.018 −0.061 | +0.0430 | +0.120 +0.050 | 5.0 | | 3.3 | | 0.25 | 0.40 |
| >44~50 | 14×9 | | 14 | | | | | | 5.5 | | 3.8 | | | |
| >50~58 | 16×10 | | 16 | | | | | | 6.0 | +0.20 | 4.3 | +0.20 | | |
| >58~65 | 18×11 | | 18 | | | | | | 7.0 | | 4.4 | | | |
| >65~75 | 20×12 | 0.60~0.80 | 20 | 0 −0.025 | ±0.026 | −0.022 −0.074 | +0.0520 | +0.149 +0.065 | 7.5 | | 4.9 | | 0.40 | 0.60 |
| >75~85 | 22×14 | | 22 | | | | | | 9.0 | | 5.4 | | | |
| >85~95 | 25×14 | | 25 | | | | | | 9.0 | | 5.4 | | | |
| >95~110 | 28×16 | | 28 | | | | | | 10 | | 6.4 | | | |

注：1. L 系列：6～22（2 进位）、25、28、32、36、40、45、50、56、63、70、80、90、100、110、125、140、160、180、200、220、250、280、320、360、400、450、500。

2. GB/T 1095—2003、GB/T 1096—2003 中无轴的公称直径一列，现列出仅供参考。

附录 J　圆柱销（不淬硬钢和奥氏体不锈钢）（摘自 GB/T 119.1—2000）　　　　（单位：mm）

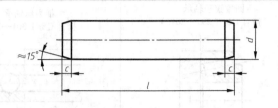 

末端形状，由生产者确定

标记示例：
销　GB/T 119.1　6 m6×30
（公称直径 $d$ =6、公差为 m6、公称长度 $l$=30、材料为钢、不经表面处理的圆柱销）
销　GB/T 119.1　10 m6×30—A1
（公称直径 $d$ =10、公差为 m6、公称长度 $l$=30、材料为 A1 组奥氏体不锈钢、表面简单处理的圆柱销）

| $d$(公称直径) m6/h8 | 2 | 3 | 4 | 5 | 6 | 8 | 10 | 12 | 16 | 20 | 25 |
|---|---|---|---|---|---|---|---|---|---|---|---|
| $c\approx$ | 0.35 | 0.5 | 0.63 | 0.8 | 1.2 | 1.6 | 2 | 2.5 | 3 | 3.5 | 4 |
| $l_{范围}$ | 6~20 | 8~30 | 8~40 | 10~50 | 12~60 | 14~80 | 18~95 | 22~140 | 26~180 | 35~200 | 50~200 |
| $l_{系列}$(公称) | 2、3、4、5、6~32(2 进位)、35~100(5 进位)、120~≥200(按 20 递增) | | | | | | | | | | |

附录 K　圆锥销（摘自 GB/T 117—2000）　　　　（单位：mm）

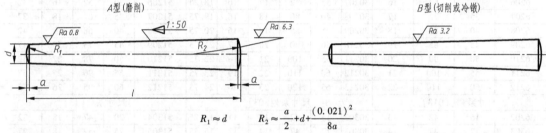

A 型(磨削)　　B 型(切削或冷镦)

$$R_1 \approx d \qquad R_2 \approx \frac{a}{2}+d+\frac{(0.021)^2}{8a}$$

标记示例：
销 GB/T 117　10×60
（公称直径 $d$=10、长度 $l$=60、材料为 35 钢、热处理硬度 28~38HRC、表面氧化处理的 A 型圆锥销）

| $d$公称 | 2 | 2.5 | 3 | 4 | 5 | 6 | 8 | 10 | 12 | 16 | 20 | 25 |
|---|---|---|---|---|---|---|---|---|---|---|---|---|
| $a\approx$ | 0.25 | 0.3 | 0.4 | 0.5 | 0.63 | 0.8 | 1.0 | 1.2 | 1.6 | 2.0 | 2.5 | 3.0 |
| $l_{范围}$ | 10~35 | 10~35 | 12~45 | 14~55 | 18~60 | 22~90 | 22~120 | 26~160 | 32~180 | 40~200 | 45~200 | 50~200 |
| $l_{系列}$ | 2、3、4、5、6~32(2 进位)、35~100(5 进位)、120~200(20 进位) | | | | | | | | | | | |

附录 L　开口销（摘自 GB/T 91—2000）　　　　（单位：mm）

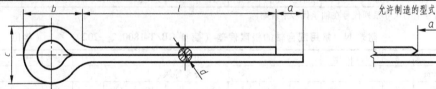

允许制造的型式

标记示例：
销 GB/T 91　5×50
（公称规格为 5、公称长度 $l$=50、材料为低碳钢、不经表面处理的开口销）

| $d$ | 公称 | 0.8 | 1 | 1.2 | 1.6 | 2 | 2.5 | 3.2 | 4 | 5 | 6.3 | 8 | 10 | 12 |
|---|---|---|---|---|---|---|---|---|---|---|---|---|---|---|
| | max | 0.7 | 0.9 | 1 | 1.4 | 1.8 | 2.3 | 2.9 | 3.7 | 4.6 | 5.9 | 7.5 | 9.5 | 11.4 |
| | min | 0.6 | 0.8 | 0.9 | 1.3 | 1.7 | 2.1 | 2.7 | 3.5 | 4.4 | 5.7 | 7.3 | 9.3 | 11.1 |
| $c_{max}$ | | 1.4 | 1.8 | 2 | 2.8 | 3.6 | 4.6 | 5.8 | 7.4 | 9.2 | 11.8 | 15 | 19 | 24.8 |
| $b$ | | 2.4 | 3 | 3 | 3.2 | 4 | 5 | 6.4 | 8 | 10 | 12.6 | 16 | 20 | 26 |
| $a_{max}$ | | 1.6 | | | 2.5 | | | 3.2 | | 4 | | | 6.3 | |
| $l_{范围}$ | | 5~16 | 6~20 | 8~26 | 8~32 | 10~40 | 12~50 | 14~65 | 18~80 | 22~100 | 30~120 | 40~160 | 45~200 | 70~200 |
| $l_{系列}$ | | 4、5、6~32(2 进位)、36、40~100(5 进位)120~200(20 进位) | | | | | | | | | | | | |

注：销孔的公称直径等于 $d_{公称}$，$d_{min}$ ≤（销的直径）≤ $d_{max}$。

## 附录 M  滚动轴承 （单位：mm）

深沟球轴承
（摘自 GB/T 276—2013）

标记示例：
滚动轴承 6310  GB/T 276—2013

圆锥滚子轴承
（摘自 GB/T 297—2015）

标记示例：
滚动轴承 30212  GB/T 297—2015

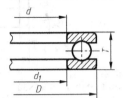

推力球轴承
（摘自 GB/T 301—2015）

标记示例：
滚动轴承 51305  GB/T 301—2015

| 轴承型号 | 尺寸 | | | 轴承型号 | 尺寸 | | | | | 轴承型号 | 尺寸 | | | |
|---|---|---|---|---|---|---|---|---|---|---|---|---|---|---|
| | $d$ | $D$ | $B$ | | $d$ | $D$ | $B$ | $C$ | $T$ | | $d$ | $D$ | $T$ | $d_{1min}$ |
| 尺寸系列[（0）2] | | | | 尺寸系列[02] | | | | | | 尺寸系列[12] | | | | |
| 6202 | 15 | 35 | 11 | 30203 | 17 | 40 | 12 | 11 | 13.25 | 51202 | 15 | 32 | 12 | 17 |
| 6203 | 17 | 40 | 12 | 30204 | 20 | 47 | 14 | 12 | 15.25 | 51203 | 17 | 35 | 12 | 19 |
| 6204 | 20 | 47 | 14 | 30205 | 25 | 52 | 15 | 13 | 16.25 | 51204 | 20 | 40 | 14 | 22 |
| 6205 | 25 | 52 | 15 | 30206 | 30 | 62 | 16 | 14 | 17.25 | 51205 | 25 | 47 | 15 | 27 |
| 6206 | 30 | 62 | 16 | 30207 | 35 | 72 | 17 | 16 | 18.25 | 51206 | 30 | 52 | 16 | 32 |
| 6207 | 35 | 72 | 17 | 30208 | 40 | 80 | 18 | 16 | 19.75 | 51207 | 35 | 62 | 18 | 37 |
| 6208 | 40 | 80 | 18 | 30209 | 45 | 85 | 19 | 16 | 20.75 | 51208 | 40 | 68 | 19 | 42 |
| 6209 | 45 | 85 | 19 | 30210 | 50 | 90 | 20 | 17 | 21.75 | 51209 | 45 | 73 | 20 | 47 |
| 6210 | 50 | 90 | 20 | 30211 | 55 | 100 | 21 | 18 | 22.75 | 51210 | 50 | 78 | 22 | 52 |
| 6211 | 55 | 100 | 21 | 30212 | 60 | 110 | 22 | 19 | 23.75 | 51211 | 55 | 90 | 25 | 57 |
| 6212 | 60 | 110 | 22 | 30213 | 65 | 120 | 23 | 20 | 24.75 | 51212 | 60 | 95 | 26 | 62 |
| 尺寸系列[（0）3] | | | | 尺寸系列[03] | | | | | | 尺寸系列[13] | | | | |
| 6302 | 15 | 42 | 13 | 30302 | 15 | 42 | 13 | 11 | 14.25 | 51304 | 20 | 47 | 18 | 22 |
| 6303 | 17 | 47 | 14 | 30303 | 17 | 47 | 14 | 12 | 15.25 | 51305 | 25 | 52 | 18 | 27 |
| 6304 | 20 | 52 | 15 | 30304 | 20 | 52 | 15 | 13 | 16.25 | 51306 | 30 | 60 | 21 | 32 |
| 6305 | 25 | 62 | 17 | 30305 | 25 | 62 | 17 | 15 | 18.25 | 51307 | 35 | 68 | 24 | 37 |
| 6306 | 30 | 72 | 19 | 30306 | 30 | 72 | 19 | 16 | 20.75 | 51308 | 40 | 78 | 26 | 42 |
| 6307 | 35 | 80 | 21 | 30307 | 35 | 80 | 21 | 18 | 22.75 | 51309 | 45 | 85 | 28 | 47 |
| 6308 | 40 | 90 | 23 | 30308 | 40 | 90 | 23 | 20 | 25.25 | 51310 | 50 | 95 | 31 | 52 |
| 6309 | 45 | 100 | 25 | 30309 | 45 | 100 | 25 | 22 | 27.25 | 51311 | 55 | 105 | 35 | 57 |
| 6310 | 50 | 110 | 27 | 30310 | 50 | 110 | 27 | 23 | 29.25 | 51312 | 60 | 110 | 35 | 62 |
| 6311 | 55 | 120 | 29 | 30311 | 55 | 120 | 29 | 25 | 31.50 | 51313 | 65 | 115 | 36 | 67 |
| 6312 | 60 | 130 | 31 | 30312 | 60 | 130 | 31 | 26 | 33.50 | 51314 | 70 | 125 | 40 | 72 |

注：圆括号中的尺寸系列代号在轴承代号中省略。

## 附录 N  常用配合轴的极限偏差（摘自 GB/T 1800.2—2020） （单位：μm）

| 代号 | e | f | g | h | | | | | | | | js | k | m | n |
|---|---|---|---|---|---|---|---|---|---|---|---|---|---|---|---|
| 公称尺寸/mm | 公差等级 | | | | | | | | | | | | | | |
| 大于　　至 | 8 | 7 | 6 | 5 | 6 | 7 | 8 | 9 | 10 | 11 | 12 | 6 | 6 | 6 | 6 |
| —　　3 | −14 −28 | −6 −16 | −2 −8 | 0 −4 | 0 −6 | 0 −10 | 0 −14 | 0 −25 | 0 −40 | 0 −60 | 0 −100 | ±3 | +6 0 | +8 +2 | +10 +4 |
| 3　　6 | −20 −38 | −10 −22 | −4 −12 | 0 −5 | 0 −8 | 0 −12 | 0 −18 | 0 −30 | 0 −48 | 0 −75 | 0 −120 | ±4 | +9 +1 | +12 +4 | +16 +8 |
| 6　　10 | −25 −47 | −13 −28 | −5 −14 | 0 −6 | 0 −9 | 0 −15 | 0 −22 | 0 −36 | 0 −58 | 0 −90 | 0 −150 | ±4.5 | +10 +1 | +15 +6 | +19 +10 |
| 10　　18 | −32 −59 | −16 −34 | −6 −17 | 0 −8 | 0 −11 | 0 −18 | 0 −27 | 0 −43 | 0 −70 | 0 −110 | 0 −180 | ±5.5 | +12 +1 | +18 +7 | +23 +12 |
| 18　　30 | −40 −73 | −20 −41 | −7 −20 | 0 −9 | 0 −13 | 0 −21 | 0 −33 | 0 −52 | 0 −84 | 0 −130 | 0 −210 | ±6.5 | +15 +2 | +21 +8 | +28 +15 |

（续）

| 代号 | | e | f | g | h | | | | | | | | js | k | m | n |
|---|---|---|---|---|---|---|---|---|---|---|---|---|---|---|---|---|
| 公称尺寸/mm | | | | | 公差等级 | | | | | | | | | | | |
| 大于 | 至 | 8 | 7 | 6 | 5 | 6 | 7 | 8 | 9 | 10 | 11 | 12 | 6 | 6 | 6 | 6 |
| 30 | 40 | -50 | -25 | -9 | 0 | 0 | 0 | 0 | 0 | 0 | 0 | 0 | ±8 | +18 | +25 | +33 |
| 40 | 50 | -89 | -50 | -25 | -11 | -16 | -25 | -39 | -62 | -100 | -160 | -250 | | +2 | +9 | +17 |
| 50 | 65 | -60 | -30 | -10 | 0 | 0 | 0 | 0 | 0 | 0 | 0 | 0 | ±9.5 | +21 | +30 | +39 |
| 65 | 80 | -106 | -60 | -29 | -13 | -19 | -30 | -46 | -74 | -120 | -190 | -300 | | +2 | +11 | +20 |
| 80 | 100 | -72 | -36 | -12 | 0 | 0 | 0 | 0 | 0 | 0 | 0 | 0 | ±11 | +25 | +35 | +45 |
| 100 | 120 | -126 | -71 | -34 | -15 | -22 | -35 | -54 | -87 | -140 | -220 | -350 | | +3 | +13 | +23 |
| 120 | 140 | -85 | -43 | -14 | 0 | 0 | 0 | 0 | 0 | 0 | 0 | 0 | ±12.5 | +28 | +40 | +52 |
| 140 | 160 | | | | | | | | | | | | | | | |
| 160 | 180 | -148 | -83 | -39 | -18 | -25 | -40 | -63 | -100 | -160 | -250 | -400 | | +3 | +15 | +27 |
| 180 | 200 | -100 | -50 | -15 | 0 | 0 | 0 | 0 | 0 | 0 | 0 | 0 | ±14.5 | +33 | +46 | +60 |
| 200 | 225 | | | | | | | | | | | | | | | |
| 225 | 250 | -172 | -96 | -44 | -20 | -29 | -46 | -72 | -115 | -185 | -290 | -460 | | +4 | +17 | +31 |
| 250 | 280 | -110 | -56 | -17 | 0 | 0 | 0 | 0 | 0 | 0 | 0 | 0 | ±16 | +36 | +52 | +66 |
| 280 | 315 | -191 | -108 | -49 | -23 | -32 | -52 | -81 | -130 | -210 | -320 | -520 | | +4 | +20 | +34 |
| 315 | 355 | -125 | -62 | -18 | 0 | 0 | 0 | 0 | 0 | 0 | 0 | 0 | ±18 | +40 | +57 | +73 |
| 355 | 400 | -214 | -119 | -54 | -25 | -36 | -57 | -89 | -140 | -230 | -360 | -570 | | +4 | +21 | +37 |
| 400 | 450 | -135 | -68 | -20 | 0 | 0 | 0 | 0 | 0 | 0 | 0 | 0 | ±20 | +45 | +63 | +80 |
| 450 | 480 | -232 | -131 | -60 | -27 | -40 | -63 | -97 | -155 | -250 | -400 | -630 | | +5 | +23 | +40 |

### 附录P　常用配合孔的极限偏差（摘自 GB/T 1800.2—2020）　（单位：μm）

| 代号 | | E | F | G | H | | | | | | | JS | | K | | | M | N | |
|---|---|---|---|---|---|---|---|---|---|---|---|---|---|---|---|---|---|---|---|
| 公称尺寸/mm | | | | | 公差等级 | | | | | | | | | | | | | | |
| 大于 | 至 | 8 | 8 | 7 | 6 | 7 | 8 | 9 | 10 | 11 | 12 | 6 | 7 | 6 | 7 | 8 | 7 | 6 | 7 |
| — | 3 | +28 | +20 | +12 | +6 | +10 | +14 | +25 | +40 | +60 | +100 | ±3 | ±5 | 0 | 0 | 0 | -2 | -4 | -4 |
| | | +14 | +6 | +2 | 0 | 0 | 0 | 0 | 0 | 0 | 0 | | | -6 | -10 | -14 | -12 | -10 | -14 |
| 3 | 6 | +38 | +28 | +16 | +8 | +12 | +18 | +30 | +48 | +75 | +120 | ±4 | ±6 | +2 | +3 | +5 | 0 | -5 | -4 |
| | | +20 | +10 | +4 | 0 | 0 | 0 | 0 | 0 | 0 | 0 | | | -6 | -9 | -13 | -12 | -13 | -16 |
| 6 | 10 | +47 | +35 | +20 | +9 | +15 | +22 | +36 | +58 | +90 | +150 | ±4.5 | ±7.5 | +2 | +5 | +6 | 0 | -7 | -4 |
| | | +25 | +13 | +5 | 0 | 0 | 0 | 0 | 0 | 0 | 0 | | | -7 | -10 | -16 | -15 | -16 | -19 |
| 10 | 14 | +59 | +43 | +24 | +11 | +18 | +27 | +43 | +70 | +110 | +180 | ±5.5 | ±9 | +2 | +6 | +8 | 0 | -9 | -5 |
| 14 | 18 | +32 | +16 | +6 | 0 | 0 | 0 | 0 | 0 | 0 | 0 | | | -9 | -12 | -19 | -18 | -20 | -23 |
| 18 | 24 | +73 | +53 | +28 | +13 | +21 | +33 | +52 | +84 | +130 | +210 | ±6.5 | ±10.5 | +2 | +6 | +10 | 0 | -11 | -7 |
| 24 | 30 | +40 | +20 | +7 | 0 | 0 | 0 | 0 | 0 | 0 | 0 | | | -11 | -15 | -23 | -21 | -24 | -28 |
| 30 | 40 | +89 | +64 | +34 | +16 | +25 | +39 | +62 | +100 | +160 | +250 | ±8 | ±12.5 | +3 | +7 | +12 | 0 | -12 | -8 |
| 40 | 50 | +50 | +25 | +9 | 0 | 0 | 0 | 0 | 0 | 0 | 0 | | | -13 | -18 | -27 | -25 | -28 | -33 |
| 50 | 65 | +106 | +76 | +40 | +19 | +30 | +46 | +74 | +120 | +190 | +300 | ±9.5 | ±15 | +4 | +9 | +14 | 0 | -14 | -9 |
| 65 | 80 | +60 | +30 | +10 | 0 | 0 | 0 | 0 | 0 | 0 | 0 | | | -15 | -21 | -32 | -30 | -33 | -39 |
| 80 | 100 | +126 | +90 | +47 | +22 | +35 | +54 | +87 | +140 | +220 | +350 | ±11 | ±17.5 | +4 | +10 | +16 | 0 | -16 | -10 |
| 100 | 120 | +72 | +36 | +12 | 0 | 0 | 0 | 0 | 0 | 0 | 0 | | | -18 | -25 | -38 | -35 | -38 | -45 |
| 120 | 140 | +148 | +106 | +54 | +25 | +40 | +63 | +100 | +160 | +250 | +400 | ±12.5 | ±20 | +4 | +12 | +20 | 0 | -20 | -12 |
| 140 | 160 | +85 | +43 | +14 | 0 | 0 | 0 | 0 | 0 | 0 | 0 | | | -21 | -28 | -43 | -40 | -45 | -52 |
| 160 | 180 | | | | | | | | | | | | | | | | | | |
| 180 | 200 | +172 | +122 | +61 | +29 | +46 | +72 | +115 | +185 | +290 | +460 | ±14.5 | ±23 | +5 | +13 | +22 | 0 | -22 | -14 |
| 200 | 225 | +100 | +50 | +15 | 0 | 0 | 0 | 0 | 0 | 0 | 0 | | | -24 | -33 | -50 | -46 | -51 | -60 |
| 225 | 250 | | | | | | | | | | | | | | | | | | |
| 250 | 280 | +191 | +137 | +69 | +32 | +52 | +81 | +130 | +210 | +320 | +520 | ±16 | ±26 | +5 | +16 | +25 | 0 | -25 | -14 |
| 280 | 315 | +110 | +56 | +17 | 0 | 0 | 0 | 0 | 0 | 0 | 0 | | | -27 | -36 | -56 | -52 | -57 | -66 |
| 315 | 355 | +214 | +151 | +75 | +36 | +57 | +89 | +140 | +230 | +360 | +570 | ±18 | ±28.5 | +7 | +17 | +28 | 0 | -26 | -16 |
| 355 | 400 | +125 | +62 | +18 | 0 | 0 | 0 | 0 | 0 | 0 | 0 | | | -29 | -40 | -61 | -57 | -62 | -73 |
| 400 | 450 | +232 | +165 | +83 | +40 | +63 | +97 | +155 | +250 | +400 | +630 | ±20 | ±31.5 | +8 | +18 | +29 | 0 | -27 | -17 |
| 450 | 500 | +135 | +68 | +20 | 0 | 0 | 0 | 0 | 0 | 0 | 0 | | | -32 | -45 | -68 | -63 | -67 | -80 |

# 参 考 文 献

[1] 金大鹰. 机械制图：少学时 [M]. 4 版. 北京：机械工业出版社，2016.

[2] 田凌，冯涓. 机械制图：机类、近机类 [M]. 2 版. 北京：清华大学出版社，2013.

[3] 侯玉荣，罗贞平. 新编机械制图 [M]. 长春：东北师范大学出版社，2012.

[4] 徐祖茂，杨裕根，姜献峰. 机械工程图学 [M]. 2 版. 上海：上海交通大学出版社，2009.

[5] 丁一，王健. 工程图学基础 [M]. 3 版. 北京：高等教育出版社，2018.

[6] 樊宁，何培英. 典型机械零部件表达方法 350 例 [M]. 北京：化学工业出版社，2016.

[7] 何铭新，钱可强，徐祖茂. 机械制图 [M]. 7 版. 北京：高等教育出版社，2016.

[8] 杨裕根，诸世敏. 现代工程图学 [M]. 4 版. 北京：北京邮电大学出版社，2017.

[9] 郭纪林，余桂英. 机械制图 [M]. 4 版. 大连：大连理工大学出版社，2015.

[10] 胡建生. 机械制图 [M]. 北京：机械工业出版社，2016.